高等学校翻译课程系列教材

计算机
辅助翻译教程

Computer-aided Translation Coursebook

主编　赵秋荣

编者　赵秋荣　马新蓝

中国人民大学出版社

· 北京 ·

前　言

在人工智能和大数据时代，翻译市场不仅要求译者的翻译质量要高，而且要求译者的交稿速度要快。翻译市场的另一个重要变化是，除了文字翻译外，还出现了图片、游戏、软件、字幕等不同翻译内容。这些都促使译员利用计算机辅助翻译软件、语料库、机器翻译以及人机合作等方式来提高翻译速度和翻译能力。面对翻译市场的变化，即将迈入职场的学生译员应该具备一些基本的信息素养，《计算机辅助翻译教程》就是在这样的背景下产生的。本书旨在帮助学生系统、深入地了解计算机辅助翻译信息技术的相关理论、翻译技术工具的操作步骤，是翻译信息技术、计算机辅助翻译、语料库翻译学领域的入门书。

基于此，本书围绕计算机辅助翻译信息技术的理论与实践展开。第 1 章为引言。第 2 章“翻译能力与技术能力”，主要介绍了国内外翻译能力框架（如 PACTE、TransComp、欧洲翻译硕士能力框架、翻译修改能力框架、译后编辑能力框架）中与翻译技术能力相关的内容，奠定了掌握计算机辅助翻译信息技术的理论基础。第 3 章“语料库与翻译技术”，主要介绍了语料库的定义、类型，翻译过程中需要的语料库、软件等。第 4 章“计算机辅助翻译工具应用案例”，介绍了翻译过程中常使用的 Trados 和 memoQ。第 5 章“机器翻译”，介绍了将 Google 机器翻译与 Trados 和 memoQ 相结合的应用。第 6 章“字幕翻译”，介绍了如何添加单双语字幕以及字幕翻译语言特征在研究中的运用。第 3 章至第 6 章都使用了翔实的案例，旨在帮助学生了解计算机辅助翻译信息技术在翻译流程中的应用。第 7 章为结语。

北京科技大学赵秋荣老师的学术专长为语料库翻译研究，负责前言、第1章、第2章、第3章、第5章、第6章和第7章的撰写，以及全书统稿工作。马新蓝老师的学术专长是计算机辅助翻译工具的流程展示，负责撰写第4章的大部分内容。在书稿付梓之际，衷心感谢北京科技大学的领导和同事们的鼓励；感谢博士生、硕士生们帮我们完成审校任务，感谢中国人民大学出版社黄婷老师、樊雪洁老师严谨认真的编校工作，帮助书稿不断完善，我本人从中受益颇多。最后特别感谢家人的理解和支持。

本书受北京科技大学研究生教材项目“计算机辅助翻译”（项目编号06400156）的资助，特此感谢。受个人水平限制，书中难免有诸多不足或需要继续探讨商榷之处。恳请各位专家、学者、读者朋友多多批评，多提宝贵意见和建议，督促我们进一步提高！

赵秋荣

2023年8月

translate
目 录
CONTENTS

引　言

当今信息化、数字化、网络化的发展，尤其是人工智能（如 ChatGPT）的迅速发展，促成了计算机技术与现代语言技术的联姻，在翻译上的体现主要是计算机辅助翻译工具（Computer-Aided Translation tools，简称 CAT tools）的应用，涵盖计算机辅助翻译技术、翻译记忆、术语技术、语料库技术、机器翻译等，掌握并熟练应用这些技术已经成为译者不可或缺的能力。当下，翻译服务需求迅猛增长，规模日益扩大，而且客户要求的翻译周期越来越短。译者靠一支笔、一张纸、一部字典进行翻译的传统模式一去不复返了。短时间内译者需要完成大量翻译任务，多人合作、计算机辅助翻译或者机器翻译后再编辑等方式将成为未来一段时间的主要翻译模式。可以说，技术进步促进了翻译行业的迅猛发展。

但也有人认为技术进步对翻译行业造成很大威胁。（Massey，et al.，2023）欧洲语言行业调查（European Language Industry Survey，简称 ELIS）的报告指出：2013 年时，很多语言公司将机器翻译看作威胁或者挑战；近十年后也就是 2022 年，却有 65% 的语言公司将神经机器翻译（Neural Machine Translation）的发展看作机遇。2023 年，ELIS 的统计调查显示：58% 的公司使用了机器翻译等方面的技术，20% 的公司打算使用计算机辅助翻译技术。从译者视角看，70% 以上的译者一定程度上使用了上述技术。从译者态度看，35% 的译者将机器翻译看作机遇，41% 的译者仍然认为机器翻译会威胁他们的工作。从使用趋势上看，今后将有越来越多的语言公司使用机器翻译等翻译技术，一定程度上可能加剧对人工译者的威胁。从翻译质量上看，语言行业市场报告（Language Industry Market Report）的调研发现：人工翻译和机器翻译在质量方面的差距逐渐减小，译后编辑正作为缺省的工作流程（default workflow）逐渐嵌入到翻译服务行业中。（Slator，2022）

从学者的调查研究来看，翻译市场上的变化也很大，具体体现在对译者的需求上。2004年，Bowker收集了2000年1月到2002年12月加拿大翻译市场上的301则译员招聘广告，统计了当时加拿大翻译市场的工作岗位需求状况。该报告指出：市场上除了需要大量口译和笔译人才外，还需要翻译修改专家、本地化专家、翻译经理和术语专家。该调查报告显示现代化市场催生了很多岗位需求。市场要求译员除了具有较高翻译水平外，还必须掌握现代化工具。Bowker（2004）还统计了翻译市场对翻译工具的具体要求，如要求熟练掌握计算机辅助翻译工具的占60.5%，要求掌握专业计算机辅助翻译技术的占18.3%等。近二十年来，翻译市场对翻译服务的需求也发生了很大变化。Pielmeier & O'Mara（2020）调查了7000多位译者，其中88%的译者使用翻译记忆或CAT工具，81%的译者使用术语管理，55%的译者使用机器翻译。可见，翻译技术已经成为职业译员的必备。

根据ELIS（2022）的统计，翻译市场增长最快的岗位有译后编辑、人工翻译、创译（transcreation）、语音和多媒体服务、机器翻译服务、本地化、口译服务、语言技术、全球市场营销、质量评估、语言培训、语言数据分析、技术写作等。增长最快且需求量位于前三位的是译后编辑、标准翻译和创译。目前语言类公司或机构对人工翻译的需求还是最大的，其次是译后编辑，再次是创译。机器翻译或者ChatGPT如果大规模应用到翻译实践，将对译者形成较大冲击。机器翻译是目前使用最广泛的翻译技术之一，将来大多数翻译可能都是人机交互的结果。从计算字数、自动拼写到语法检查、在线机器翻译等都使用机器翻译技术，机器翻译可以说无处不在。从最初的减少认知负荷到自动翻译，机器翻译帮助译者创造出高质量的翻译。因此，对于职业翻译或者即将进入职场的翻译学员来说，机器翻译技术是一项必备技术，且该技术正以史无前例的速度发展。

翻译市场需求的变化反过来将影响翻译教学和译者培训，其重要表现之一是不断提高对译者口、笔译能力的要求。翻译能力指译者解决翻译问题时使用所有语言资源的能力（Shuttleworth，Cowie，2014），包括所有知识、技能和素养。PACTE（2003）将翻译能力定义为从理解源语到产出目标语整个翻译过程所需要的基本知识系统。为了应对新时代计算机辅助翻译和机器翻译的挑战，翻译教学和译者培训应适应新时代的需求，重新定位或者定义新时代翻译能力的需求及其组成，重新定义译者角色，及时调整教学内容和教学方式，开展灵活的、方便且可以及时调整的、能够提高学习者附加值的教学模式和培训方式，促使学生或学员毕业后能更好地满足社会需求。（Massey，et al.，2023）因此，我们需要了解翻译能力，尤其是新时代译者需要的翻译能力，及时跟踪翻译能力的变化，更好地将这些能力培养融入翻译教学、研究及译者培训中。

翻译能力与技术能力

早在三十多年前，Holmes（1988）就预测了翻译研究的发展，将翻译研究划分为“纯翻译”和“应用翻译”。其中“应用翻译”包括译者培训（Translator Training）、翻译辅助（Translation Aids）和翻译批评（Translation Criticism）（见图 2–1）。20 世纪 90 年代末，计算机应用还未得到普及，但以 Holmes 为首的学者已经预测到翻译辅助将在翻译研究中占据一席之地。毫无疑问，该预测为翻译教学和译者培训指明了方向。

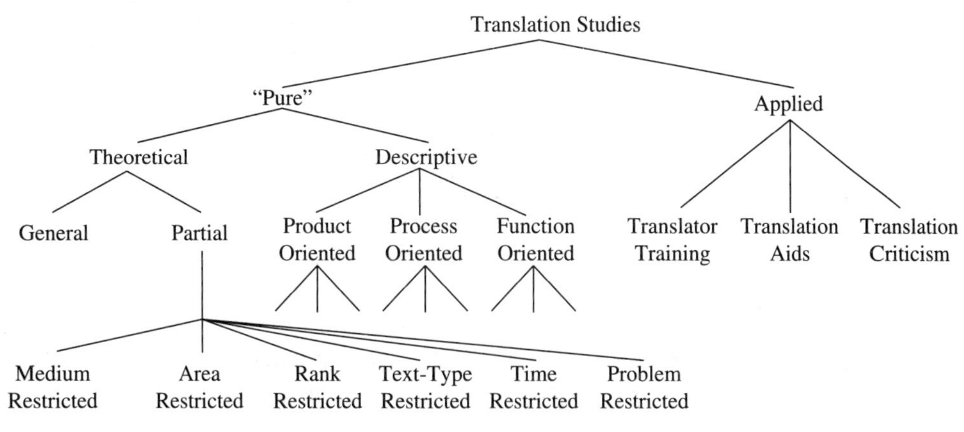

图 2–1　Holmes 的翻译研究图谱［转引自 Toury（1995）］

国内外的翻译教学和译者培训都非常重视技术能力，从翻译能力框架研究上可见一斑。国际上的翻译能力研究大约开始于二十世纪七八十年代，经过近半个世纪的发展，研究者建立了多个翻译能力模型，比较知名的有西班牙的“翻译能力习得过程和评估”（Process of Acquisition of Translation Competence and Evaluation, 简称 PACTE)(PACTE, 2003; 2005)、奥地利的 TransComp 研究小组(Göpferich, 2009)、欧盟翻译硕士项目(European Masters in Translation, 简称 EMT)(EMT, 2009; 2017)、翻译修改能力(Robert, et al., 2016; 2017)和机器翻译能力模型(Nitzke, et al., 2019; Nitzke, Hansen, 2021)等。翻译能力与技术能力的相关研究及进展具体参见赵秋荣、葛晓华(2023)。本章简要介绍了各个翻译能力模型中与计算机辅助翻译技术能力(以下简称"技术能力")相关的研究。

2.1 PACTE 翻译能力初始模型、优化模型与技术能力

基于英–西、德–西、法–西、英–加泰罗尼亚语、德–加泰罗尼亚语、法–加泰罗尼亚语六个语言对, PACTE 将受试者分成两组进行考察, 一组是有五年以上从业经验的职业译者, 一组是无职业翻译经验的语言教师, 采用 PROXY 录屏、问卷调查、直接观察、回顾式有声思维(TAP)等方法, 提出了第一个相对全面的翻译能力模型。该模型的初始版本由双语交际能力、语言外能力、职业工具能力、心理–生理能力、转换能力和策略能力六个互相联系、有层级关系的子能力构成。(见图 2–2)

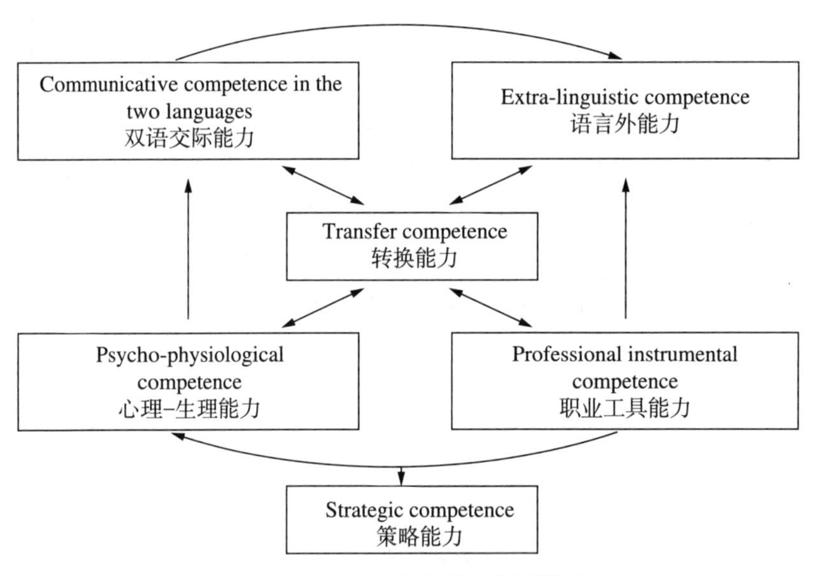

图 2–2 PACTE 翻译能力初始模型

在 PACTE 翻译能力初始模型中, 与计算机辅助翻译技术能力最相关的是职业工具能力, 该能力包括应用信息资源知识、掌握新技术和翻译工具的能力; 了解译者工作环境知识的能力; 了解职业译者行为规范的能力, 特别是与职业伦理相关的知识, 如翻译价格、翻译规范和翻译要求等。

PACTE 团队在 2003 年提出了优化的翻译能力模型。优化后的翻译能力模型(见图 2–3)包括双语子能力、语言外子能力、策略子能力、工具子能力和翻译知识子能力五个子能力, 这些子能力通过激活心理–生理要素来发挥作用(PACTE, 2003)。

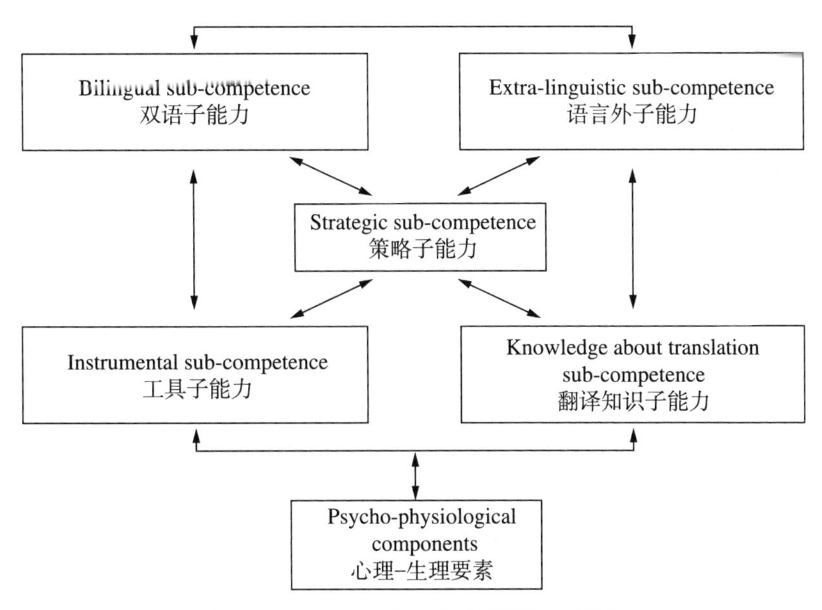

图 2–3 PACTE 优化后的翻译能力模型

PACTE 优化后的翻译能力模型中的工具子能力代替了初始模型中的职业工具能力，具体包括：掌握与使用翻译文档资源、信息和通信技术相关的程序性知识；熟练掌握使用各种词典、百科全书、语法书、平行文本、电子语料库、搜索引擎等的能力（PACTE，2003）。大家可能熟知各种词典、百科全书和语法书，对各种搜索引擎可能也比较熟悉，但是对平行文本、电子语料库的知识却不一定熟悉，不一定了解术语库、记忆库，更不太可能会使用信息技术如 Python 等工具编程或者爬取数据。可见，PACTE 优化后的翻译能力模型对译者的翻译技术要求更高。

2.2 TransComp 翻译能力模型与技术能力

TransComp 是一项历时研究，旨在观察翻译学员翻译能力的变化。该项目得到奥地利科学基金会的支持，2007 年 12 月由格拉茨大学 Susanne Göpferich 教授领衔主持。基于有声思维、按键记录、屏幕录像、短期回顾式访问和问卷调查等方法，TransComp 考察了 12 位母语为德语的翻译专业的本科学生和 10 位有 10 年以上翻译经验的译者的翻译能力的变化。在此基础上，提出了 TransComp 翻译能力模型（见图 2–4）。该模型包括五个翻译子能力：双语 / 多语交际能力、专业领域能力、心理–运动能力、翻译流程激活能力、工具和研究能力。

该翻译能力模型中的技术能力主要体现在工具和研究能力上。该能力指翻译过程中应用各种传统工具和电子工具的能力，具体包括词典、百科全书、平行文本、术语库、电子库、语料库，以及各种文字处理器、翻译管理系统和机器翻译系统等。（Göpferich，2009）TransComp 翻译能力模型与优化后的 PACTE 翻译能力模型有很多相似之处，二者都强调词典、百科全书、平行文本、语料库等在提高翻译能力中的作用。此外，TransComp 还强调术语库、翻译管理系统和机器翻译系统的作用。从技术能力指标上看，TransComp

翻译能力模型较PACTE翻译能力模型向前迈进了一步，更具有信息化和智能化时代的特点。此外，TransComp翻译能力模型还特别强调研究能力的重要性，将工具能力和研究能力合二为一，这一点也需要大家予以重视。做翻译工作，我们不仅需要多进行翻译实践，还要进行翻译研究。翻译研究可以从另外一个高度深化我们对翻译过程和翻译产品的认识。TransComp翻译能力模型特别重视工具和研究能力，认为工具和研究能力、策略能力和翻译流程激活能力可以将翻译能力较高的职业译者和没有经过翻译训练的双语者区分开来。（Göpferich，2009）

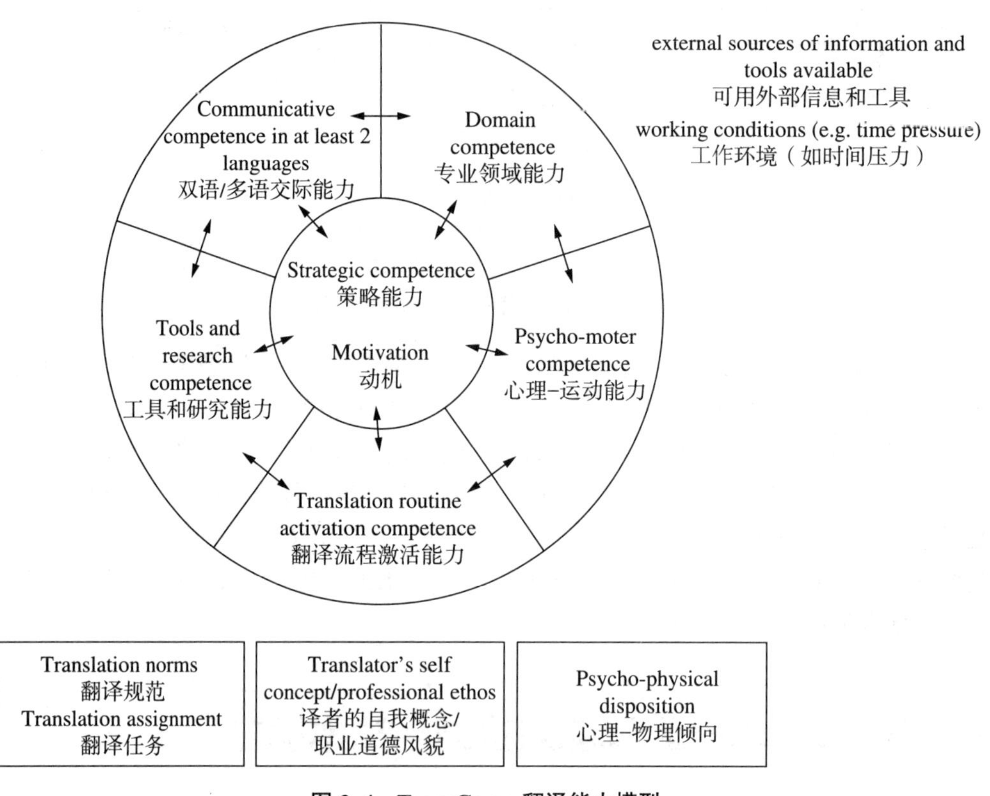

图 2–4 TransComp翻译能力模型

2.3 EMT翻译能力初始模型、优化模型与技术能力

2004年10月1日起，欧盟委员会启动“欧洲翻译硕士”（European Masters in Translation，简称EMT）课程，旨在培养高层次职业翻译人员。结合翻译市场的变化和译者的职业化需求，在总结教学实践经验的基础上，欧洲翻译硕士专家组（EMT Expert Group）于2009年发布了EMT翻译能力框架（见图2–5），提出了欧盟开展翻译教学和译者培训的主要参考标准。该翻译能力框架看上去像车轮，故通常被称为“能力车轮”（Wheel of Competence）。该框架由六大模块组成，核心能力是位于“车轮”中间的翻译服务提供能力，其次是位于“车轮”四周的语言能力、跨文化能力、信息挖掘能力、技术能力和主题能力。

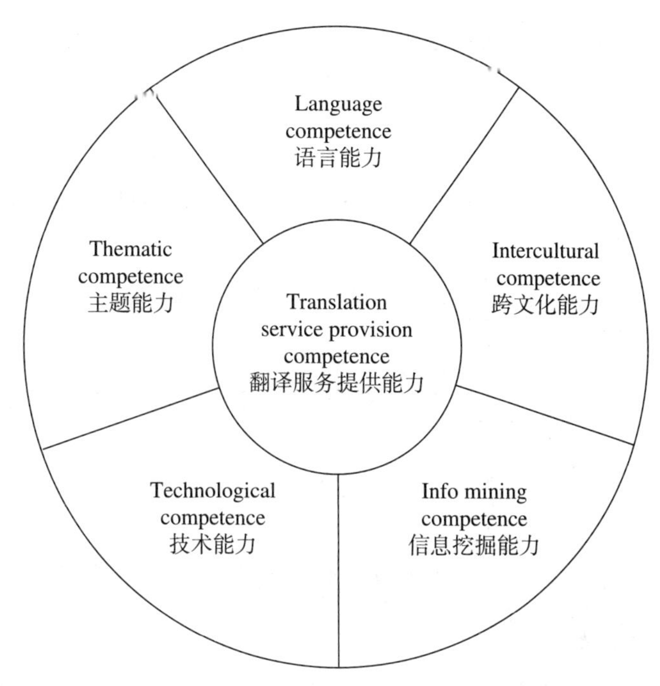

图 2–5　EMT 翻译能力框架（EMT Expert Group，2009）

说明：EMT 翻译能力框架图中无“competence”一词（EMT Expert Group，2009），为了方便对照，该词由本书作者添加。

技术能力在 EMT 翻译能力框架中占有十分重要的位置，信息挖掘能力和技术能力都属于技术能力的范畴。

- **信息挖掘能力具体包括：**
  - ◆了解如何识别信息和文档要求；
  - ◆培养文献调查和术语研究的策略（包括如何与专家接洽）；
  - ◆了解如何提取和加工特定任务（文档、术语、短语信息）的相关信息；
  - ◆制定从网络或其他媒体渠道获取文件信息的评估标准，例如评价文档来源的可靠性（培养批判性思维）；
  - ◆了解如何有效运用工具和搜索引擎（如术语软件、电子语料库、电子词典）；
  - ◆掌握个人文档归档技术。（EMT Expert Group，2009）
- **技术能力（主要指使用工具的能力）具体包括：**
  - ◆了解如何有效、快速地应用和整合系列软件来辅助纠错、翻译、提取术语、排版、文献研究等（如网络、翻译记忆库、术语库、声音识别软件等）；
  - ◆了解如何创建和管理数据库以及各种文件；
  - ◆了解如何使自己适应和熟悉新工具（特别是翻译多媒体和视听资料时）；
  - ◆了解如何准备和生成适用于不同格式、应用于不同技术媒体的翻译；
  - ◆了解机器翻译的可能性和局限性。（EMT Expert Group，2009）

大数据和人工智能的发展在很大程度上影响了翻译过程，翻译市场的需求也发生了一系列变化，如对翻译速度的要求、对使用机器翻译的要求等，这些变化在一定程度上影响着人们对翻译的认识和翻译活动的要求等。为了更好地适应市场变化，2017 年，欧洲翻译硕士专家组推出了优化的 EMT 翻译能力框架（见图 2–6）。

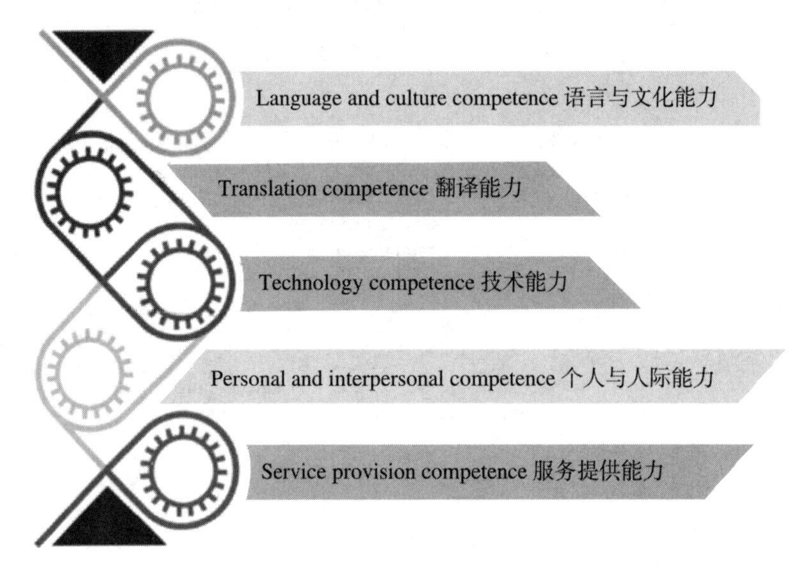

图 2–6　优化的 EMT 翻译能力框架（EMT Expert Group，2017）

优化的 EMT 翻译能力框架由语言与文化能力、翻译能力、技术能力、个人与人际能力、服务提供能力五部分组成。各个能力模块处于同等重要的位置，缺一不可。优化的 EMT 翻译能力框架将初始的框架中的信息挖掘能力和技术能力合并为技术能力（EMT Expert Group，2017），具体涵盖：

- 使用最相关的 IT 系统，包括全套 Office 软件，能快速应用新工具和网络资源；
- 高效使用搜索引擎、语料库工具、文本分析工具和计算机辅助翻译工具；
- 预处理、处理、管理文件和作为翻译部分的其他媒体或来源的资料（如视频、多媒体文件），能够处理网络技术；
- 掌握机器翻译的基本操作，了解其对翻译过程的影响；
- 评估翻译工作流程中机器翻译系统的相关度，能适时使用机器翻译系统；
- 应用其他有利于翻译的工具，如工作流程管理软件等。

初始的 EMT 翻译能力框架要求了解机器翻译的可能性与限制（EMT Expert Group，2009）；优化的框架则明确提出掌握机器翻译是职业翻译能力不可缺少的部分。译者需要了解机器翻译技巧，对源语进行预先编辑，评价机器翻译系统产生的译文等。（EMT Expert Group，2017）可见，优化的 EMT 翻译能力框架更强调翻译技术能力，它不仅要求学习者掌握搜索技术，还要求他们掌握网络技术、语料库技术，尤其是机器翻译。优化的框架要求学习者不仅能使用机器进行翻译，还能评估机器翻译的作品。这在一定程度上体现出技术发展，特别是人工智能技术发展等对翻译过程和翻译实践产生的深远影响。

欧盟的翻译教学和译员培训多年来都位于国际翻译领域发展前列。EMT 翻译能力框架一定程度上代表了欧洲翻译教学和译员培训的要求。这一能力框架除了要求翻译学员具有较好的双语 / 多语基本功，还特别强调翻译技术的重要性，这一点也体现在课程安排上，具体参见贺显斌（2009）。该文详细介绍了欧盟笔译硕士的课程设置，包括九个部分：“翻译行业知识”“翻译理论”“语篇 / 话语分析与翻译任务分析”“跨文化交际”“术语工作”“翻译信息技术”“语言意识和语言锻炼”“专门领域机器语言知识”“翻译实践”，其中多门课程与翻译技术相关。欧盟特别重视将现代化信息技术融入翻译教学，培养技术型翻译人才。相比之下，在国内 MTI 翻译硕士和翻译专业本科教育的指导性方案中，技术能力只占了很小一部分。EMT 初始的翻译能力框架和优化的翻译能力框架在翻译技术能力的描述上虽然有一些差异，但都反映出国际上对于翻译技术能力的重视，对我国的翻译教学和译者培训均有较大启示意义。

2.4 修改能力模型与技术能力

修改是产出高质量译文至关重要的一环。译者不仅要修改自己的译文，有时还要修改其他译者的译文。在机器翻译时代，修改通过术语库、记忆库或者机器翻译的译文成为译者的主要任务之一。修改机器翻译的译文，也称为译后编辑（post-editing，简称 PE）。译后编辑主要分成两种，一种是轻度或快速译后编辑（light post-editing，简称 LPE），一种是完全译后编辑（full post-editing，简称 FPE）。前者要求译文能传递源语的基本意义，后者则要求达到人工译者的水平（Massardo，et al.，2016）。

学界对译后编辑是翻译还是修改仍然存在争议。但毫无疑问，翻译修改需要额外的技巧、能力（Hansen，2008）。本节不讨论译者修改自己译文的自我修改能力或修改他人译作的他者修改能力，而是着重介绍大数据时代译者修改机器翻译译文的能力，即译后编辑能力。学界认为翻译能力和修改能力有很多相同之处，但也有很多不同之处。修改不同于重译，而是重读（rereading）译本的过程。翻译过程中译者需要考虑目标语读者、源语与目标语的关系，而修改者作为协调者（mediator），还需要与读者对话（Scocchera，2017）。修改过程中需要明确指出修改的原因（Mossop，1992）。国内外修改研究多聚焦修改与译文质量的关系（Brunette，et al.，2005）以及基于机器翻译的译后编辑，探究专业译员和学生译者译文修改特征；研究方法多使用有声思维法、访谈、键盘记录、眼动、脑电等（Jakobsen，2003）。Scocchera（2019）的修改翻译能力模型（见图 2–7）值得关注。该模型包括分析–批判能力、操作能力、元语言描述能力、人际能力、工具能力、心理–生理能力。与技术能力密切相关的是工具能力。与其他翻译能力模型不同，修改翻译能力模型关注到人际能力，说明人际能力在修改能力中占有非常重要的位置，值得继续深入研究。

除了 Scocchera 外，Robert 团队也致力于研究翻译修改能力。2016 年，在 PACTE 翻译能力模型（双语能力、语言外能力、翻译知识能力）、TransComp 模型（工具与研究能力、翻译流程激活能力）的基础上，Robert 团队提出了一款翻译修改能力模型（Robert，et al.，2016），见图 2–8。该模型中的内容非常丰富，除了兼有 PACTE 和 TransComp 模型中的部分能力外，还添加了人际子能力、策略子能力、修改流程激活子能力、修改知识子能力、翻译和修改规范与纲要、心理–生理要素以及译者和修改者的自我概念和职业道德风貌。该模型中与翻译技术密切相关的是工具和研究子能力，主要指了解并使用与翻译和修改相关的传统工具和电子工具的重要程序性知识。机器翻译时代，修改能力将变得越来越重要。

译者不仅要承担翻译工作，还将承担译后编辑工作。而目前国内对修改翻译能力的研究相对比较缺乏，建议学者逐步加大修改能力的研究力度，并将修改能力纳入翻译教学和译者培训的课程中。

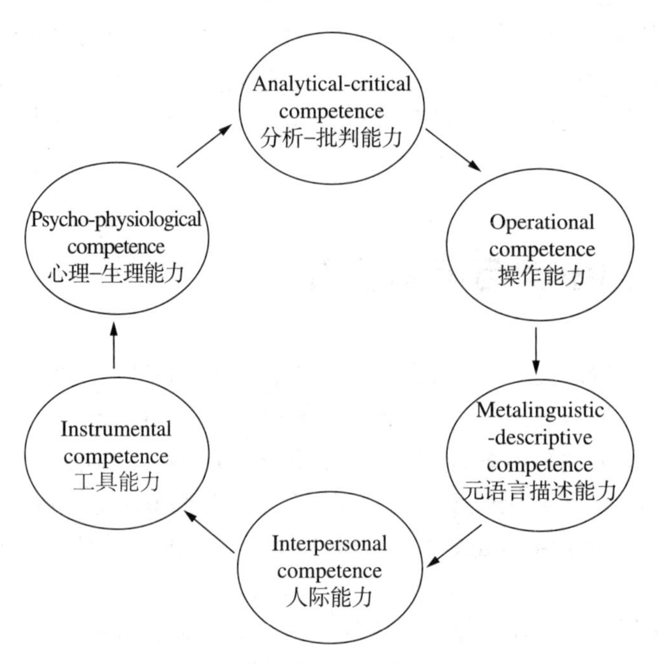

图 2–7　Scocchera 的修改翻译能力模型（Scocchera，2019）

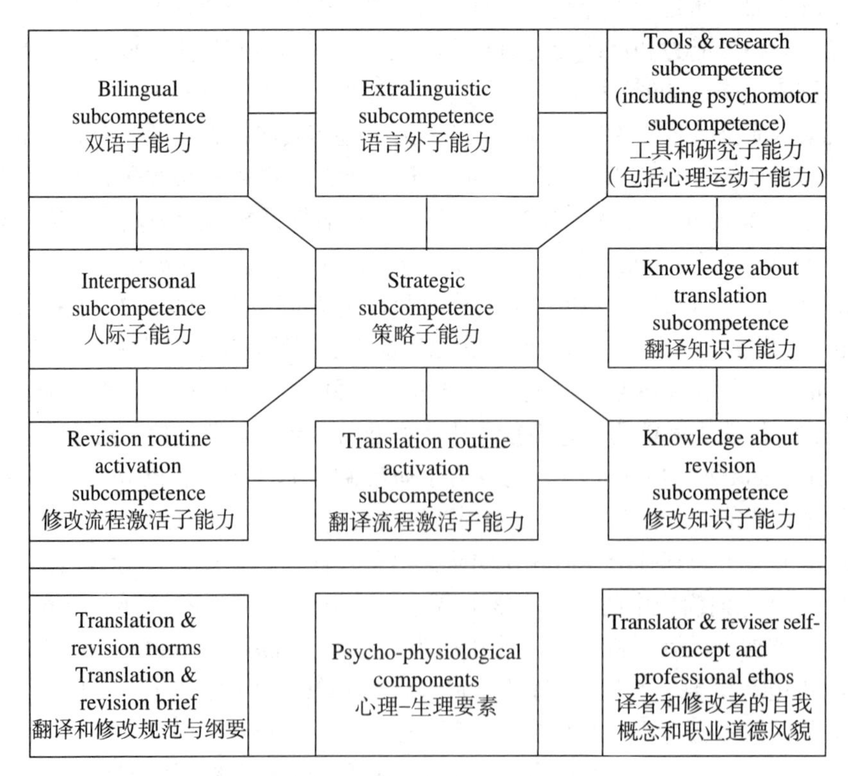

图 2–8　Robert 团队的翻译修改能力模型（Robert，et al.，2016）

2.5 译后编辑能力与翻译技术

神经机器翻译出现后，机器翻译的译文质量大幅度提高，不仅体现在流畅度上，也体现在准确性上。机器翻译处理科技文本的效果比较好，译文越来越接近人工翻译的译文；翻译文学文本时，机器翻译的效果则不佳；在相远语言对的翻译中，如英汉语言，对机器翻译的效果也不太理想。虽然机器翻译的译文质量存在一些问题，但毫无疑问，基于机器翻译的译后编辑与对照源语从零开始的翻译相比，前者的速度更快，质量也在逐渐提高。随着 ChatGPT 的出现，翻译领域将受到一定冲击。因此，学界有关译后编辑能力的研究进展将为基于译后编辑能力的教学研究和培训提供启发。

近年来，国内外学者开始关注译后编辑能力的构成。Rico & Torrejón（2012）较早提出译后编辑技巧和能力（见图 2–9）。该框架包括语言学技巧、工具能力和核心能力三个部分。语言学技巧包括掌握两种 / 多种语言文化的交流和语篇能力、文化和跨文化能力、主题领域能力。工具能力包括机器翻译知识、术语管理、机器翻译词典维护、基本编程技巧。核心能力包括态度或心理–生理能力、策略能力。

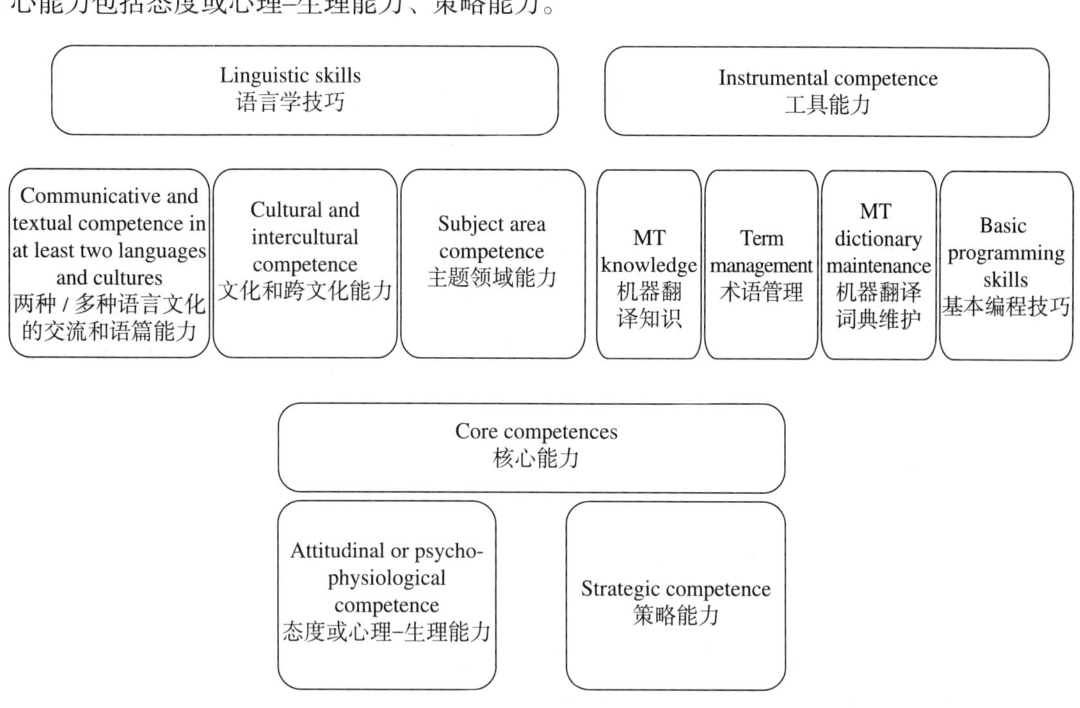

图 2–9　译后编辑技巧和能力（Rico，Torrejón，2012）

该框架中的工具能力与技术能力密切相关，主要包括机器翻译知识、术语管理、机器翻译词典维护以及基本编程技巧，这些都应作为翻译教学与译者培训中的重要部分。

Nitzke 等人（2019）在研究各个能力框架的基础上，结合机器翻译、译后编辑能力的发展提出了相对完整的译后编辑能力模型（具体见图 2–10）。该模型包括四个核心能力和八个子能力。四个核心能力包括风险评估能力、策略能力、咨询能力和服务能力，除了策略能力外，这些能力已不再是通常意义上的翻译策略与技巧了，而是与更宏观的语言服务能力结合到了一起。八个子能力为双语能力、语言外能力、工具能力、研究能力、机器翻译能力、译后编辑能力、翻译能力和修改能力。其中，与技术能力密切相关的是工具能力、研究能力和机器翻译能力。

图 2–10　译后编辑能力模型（Nitzke，et al.，2019）

Nitzke & Hansen-Schirra（2021）继续优化了译后编辑能力模型，称其为译后编辑软能力，细分为处理错误能力、机器翻译培训和评估以及服务能力、风险评估能力和咨询能力（具体见图 2–11）。

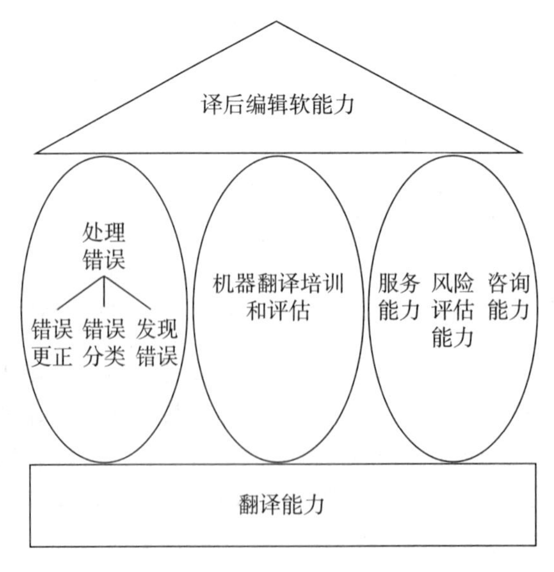

图 2–11　译后编辑能力模型（Nitzke，Hansen-Schirra，2021）

国内学者也非常关注译后编辑能力。冯全功、刘明（2018）在探索译后编辑能力的基础上提出了三维模型，将译后编辑能力分为认知、知识和技能三个维度。其中认知维度由态度、问题解决与决策行为、信息加工与逻辑推理等认知子能力构成；知识维度分为与翻译能力共享的知识和特殊知识（包括机器翻译、译后编辑、译前编辑、基本编程知识等）；技能维度指译后编辑任务中胜任力的外在表现，包括翻译、编辑、信息检索等各方面的相关技能。杨艳霞、魏向清（2023）基于认知范畴观，提出了译后编辑能力模型，包括编辑前能力、编辑中能力和编辑后能力三个部分。编辑前能力包括机器翻译知识、译前编辑能力、风险伦理知识；编辑中能力包括修改能力、翻译能力和译后编辑知识；编辑后能力包括评估能力和反思能力。译前编辑阶段与技术能力的相关性较大，译者 / 学习者需要了解不同机器翻译系统的工作原理，从受控原因的角度对拟翻译文本从字、词、句子和语篇等层面进行调整。

上述译后编辑能力框架都表明译后编辑能力与翻译能力和翻译修改能力之间关系密切，但译后编辑能力也有自己的独特属性，且与翻译技术能力的关系更加紧密，应该在翻译技术教学中占有更高的比例。

国内外的翻译能力模型不仅从理论上要求翻译学员了解技术能力在不同类型翻译能力框架中的作用，也要求我们在翻译教学和译者培训中充分重视技术能力的作用。鉴于此，我们建议在课程设置中将译后编辑作为一门课程或者作为翻译技术课程的一个重要模块。基于机器翻译的译后编辑也对教师提出了更高的要求。翻译教师应该对译后编辑持开放、包容和接纳的态度，积极更新机器翻译知识和译后编辑的知识，总结机器翻译的常见错误类型，明确译后编辑的教学内容，加深对译后编辑过程的理解，进行反思学习和探究学习。在拥抱技术的同时，也要以批判的眼光看待机器翻译，包括 ChatGPT 等人工智能技术给翻译人才培养带来的机遇和挑战，帮助学生理解技术的积极意义，引导学生树立积极、自信的心态，让技术为翻译服务，促使学习者成为更符合翻译市场需求的翻译人才。

2.6 翻译技术与国内翻译专业本、硕、博教育

从改革开放到 21 世纪初期，国内翻译专业人才培养的重点是致力于培养研究型、学术型人才，翻译专业以培养翻译学硕士为主。翻译是语言服务的重要内容，新时代背景下，“一带一路”“文化走出去”等国家战略极大地推动了我国翻译等语言服务产业的迅猛发展。全球化和科技发展给翻译职业带来了新的机遇与挑战。新形势下，翻译学学科建设和人才培养也迎来了新的机遇和挑战。

随着信息技术的发展并结合语言服务行业实践的需要，中国翻译教育界掀起了计算机辅助翻译教学的热潮。2006 年，教育部批准设立翻译专业学士学位，要求翻译专业本科学生应熟练使用常用的外语与双语词典、百科全书等工具书，能够熟练掌握 Word、Excel 等常用软件，会制作 PPT 文件，并能熟练使用机器辅助翻译软件，利用现代化工具有效查阅资料、获取知识，独立完成相关翻译任务或项目。2020 年，教育部高等学校外国语

言文学类专业教学指导委员会联合外语教学与研究出版社、上海外语教育出版社发布了《普通高等学校本科外国语言文学类专业教学指南英语类专业教学指南》，其中的《普通高等学校本科翻译专业教学指南》（以下简称《翻译专业本科教学指南》）将翻译技术课列入专业核心课程。信息技术的发展对翻译专业教育和教学产生了很大影响，大数据时代的翻译尤其需要翻译技术。赵朝永、冯庆华（2020）梳理了《翻译专业本科教学指南》中翻译能力的内涵和构成因素。《翻译专业本科教学指南》建议将翻译技术作为专业核心课程，需要学习者掌握翻译技术，如使用纸质/电子词典、百科全书、语料库、翻译软件、机器翻译和各种搜索引擎等，熟练应用术语库、记忆库等。学习者通过使用这些工具，逐步培养有效获取、利用知识的能力，养成积极动手、自主学习和终身学习的能力，同时也培养了发现问题、解决问题的能力以及批判思维能力。

我国的翻译专业硕士学位于 2007 年设置，旨在培养适应全球经济一体化和国家经济、文化、社会建设需要的高层次、应用型、专业型口笔译人才。在《翻译硕士专业学位研究生指导性培养方案》中，计算机辅助翻译课程是翻译硕士的必修课。在翻译硕士的学习和培养阶段，现代化技术在翻译中的应用更加凸显。除了学习计算机辅助翻译课程外，学生译员还要选修术语学、翻译记忆、机器翻译、本地化、译后编辑、语料库语言学、编程等相关课程。

我国的翻译专业博士学位于 2014 年开始探讨。2021 年 12 月 10 日，国务院学位委员会发布《博士、硕士学位授予和人才培养学科专业目录（征求意见稿）》。在文学学科门类下，将翻译与中国语言文学、外国语言文学及新闻传播学三个传统一级学科并列。本次学科专业目录的调整预示着翻译从隶属于外国语言文学一级学科变为独立的一级学科，获得与外国语言文学相同的学科地位。2022 年，国家进一步放开专业博士的设置范围，新增 23 个专业博士学位，其中包括翻译博士。设置翻译博士的目的是培养从事专业翻译实践、项目管理和翻译技术研发和维护管理的复合型、研发型和管理型的研究性专业人员（柴明颎，2014），是职业化高层次人才培养的必然途径。各高校都在探索培养方案，这在一定程度上开辟了翻译职业化高层次人才培养的通道。如上海外国语大学翻译博士的培养方向之一是人工智能口笔译耦合路径研究，其培养方案要求学习者不仅要夯实语言基本功，掌握口笔译核心技能，还要快速搜寻背景信息，了解自然语言处理技术，洞悉大数据、物联网、人工智能大背景以及这些现代技术的影响。翻译专业博士学位的培养更重视技术能力，重视学科业界融合，促使学位获得者不仅拥有坚实宽广的翻译基础理论和系统深入的行业专门知识，还要具备解决复杂问题、进行创新以及规划和组织实施研究开发的能力。

2.7 小结

翻译能力由一系列相互关联、互为补充的知识和技能组成。翻译技术能力也是信息化时代翻译数字革命的重要特征。本章回顾了国内外关注度非常高的几个翻译能力模型，如 PACTE 翻译能力模型、TransComp 翻译能力模型、EMT 翻译能力框架、Robert 团队的翻译修改能力模型以及译后编辑能力模型等。这些模型和框架中的技术能力正逐渐被应用到翻译教学和译者培训中。计算机辅助翻译是一门理论与实践紧密结合的课程，特别强调翻译技术的实际操作与应用，要求学生了解信息化时代翻译技术的应用流程和环节，掌握信息化时代获取专业翻译知识的有效途径与工具，掌握主流计算机辅助翻译工具、语料库辅助翻译技术，了解机器翻译与译后编辑技术，以解决学生在翻译实践中遇到的相关技术问题。不论是翻译学士、翻译硕士，还是即将开启的翻译博士的学位培养，都强调应用型人才的重要性。各种计算机辅助翻译软件、语料库软件、平台以及机器翻译软件将成为翻译从业人员工作中不可或缺的工具。

语料库与翻译技术

翻译的过程同时也是决策（decision-making）的过程。在翻译过程中，译者关心的问题既有词汇层面的，也有句法层面的，还有地道性等层面的。译者在处理翻译文本时不仅要确认自己是否认识某个单词，还要确认自己是否能正确理解该单词的多个语义，是否能在语境中选出其正确的语义，是否了解与该词相关的术语，以及该词的搭配是否地道、语境是否合适。待上述问题都解决后，译者还需要考虑能否产出合乎目的语读者阅读习惯的流畅、地道的语言。

借助词典，译者可以解决实践中遇到的大部分问题。但判断词汇是否符合语境、译文是否地道和通顺等，只借助词典则无法完成。在大数据时代，语料库种类繁多，蕴藏着丰富的知识，在一定程度上可以帮助译者解决上述问题。本章我们重点探讨语料库的相关知识与应用，介绍语料库的定义、类型，翻译过程中常使用的语料库，以及语料库的常用检索工具等。

3.1 语料库的定义与类型

（1）语料库的定义

语料库的概念来自拉丁语“body”，英语是“corpus”（复数是“corpora”）。语料库是语言数据的存储集，可以是书面文本，也可以是转写的录音文本（Crystal，1993；Kennedy，1998）。现代意义上的语料库指经过科学取样和加工的、规模较大的电子资料库，主要存放实际使用中出现的真实语言材料。McEnery & Wilson（1996）将语料库定义为根据一定研究目的收集的、真实的、计算机可识别的、有代表性的、具有一定规模的语言集合。

这里我们引用几个经典定义的原文，供大家阅读和理解。

A corpus is a collection of naturally-occurring language text, chosen to characterize a state or variety of a language. (Sinclair, 1991)

A corpus is a subset of an ETL (Electronic Text Library) built according to explicit design criteria for a specific purpose. (Aktins, Clear, Osler, 1992)

A corpus is understood to be a collection of samples of running text. The texts may be in spoken, written or intermediate forms, and the samples may be of any length. (Aarts, 1991)

A corpus is a collection of pieces of language that are selected and ordered according to explicit linguistic criteria in order to be used as a sample of the language. (Eagles, 1996)

A corpus is taken to be a computerized collection of authentic texts, amenable to automatic or semi-automatic processing or analysis. The texts are selected according to explicit criteria in order to capture the regularities of a language, a language variety or a sub-language. (Tognini-Bonelli, 1996)

这些定义从不同角度告诉我们构成语料库的主要要素，如收入语料库的文本必须是真实文本，文本还需要有一定的代表性。对于译者来说，翻译过程中使用的语料需要具有较强的客观性，也就是说不能依靠译者的主观判断获取信息。真实语料尤其是地道的本族语语言样本是译者模仿的样本。因此，语料库的质量非常重要。我们只有收集到质量好的语料，才能获得高质量的信息。再者，语料库不管多大，都只能是某些语言样本的代表。因此，语料库中语料的代表性也非常重要。对于语料库的建设者和使用者而言，语料的真实性（authenticity）、代表性（representativeness）和取样（sampling）是语料库建设最重要的三要素。

（2）语料库的类型

根据 Bowker & Pearson（2002），语料库可以细分为：

◆通用语料库（general reference corpus）和专用语料库（special purpose corpus）;
◆书面语语料库（written corpus）和口语语料库（spoken corpus）;
◆共时语料库（synchronic corpus）和历时语料库（diachronic corpus）;
◆单语语料库（monolingual corpus）、多语语料库（multilingual corpora），多语语料库又包括平行语料库（parallel corpora）和类比语料库（comparable corpora）;
◆开放语料库（open corpus）和封闭语料库（closed corpus）;
◆学习者语料库（learner corpus）等。

翻译研究中使用的语料库多基于 Baker（1993）倡导的思想：将语料库语言学的理论和方法应用到翻译研究上，产生了基于语料库的翻译研究（Corpus-based Translation Studies，简称 CBTS）。经过多年的发展，基于语料库的翻译研究逐步发展成一种研究范式。

3.2 翻译过程中需要的语料库

在翻译过程中，词典、平行文本和语料库对于提升译文的质量和地道性都非常有帮助。学生译者非常熟悉各种纸质词典和电子词典，但平行文本和语料库方面的知识却相对欠缺。

平行文本是目标语原创语言的代表，与目标语文本的文本类型、语域、功能和出版时间大致类似，是翻译过程中译者模仿的样本（Rothwell，et al.，2023）。举例来说，如果要翻译百度公司的ESG报告（汉译英），那么同年度美国Google公司的ESG报告就可以作为平行文本，学生译者可以模仿该报告的术语、结构、措辞甚至风格等。学生译者在翻译过程中如果遇到自己不熟悉的领域，参考目标语平行文本是较好的选择。可以说，平行文本是个小型的专门语料库，只不过它的领域有限，库容比较小，起到的作用也相对有限。

在翻译实践过程中，使用最多的语料库是双语/多语平行语料库、类比语料库和参考语料库。双语/多语平行语料库指由两种不同语言变体组成的语料库，翻译语料库是由源语文本及其翻译文本组成的语料库（Aijmer，et al.，1996；Granger，2003）。双语平行语料库中源语和译文存在翻译关系，而类比语料库中两个子库文本不存在翻译关系。类比语料库中的两类文本一类是本族语者产出的高质量原创文本，一类是翻译文本。参考语料库多使用本族语者真实产出的语言文本，是译者检验语言地道性较好的参考文本，也是翻译过程中使用较多的语料库，一般库容比较大，文本类型多样。计算机辅助翻译的工具可以提供术语库、记忆库，机器翻译系统可以提供机器翻译译本，不管是人工翻译还是基于计算机辅助翻译工具进行的翻译或者译后编辑，一旦进入译文优化阶段和定稿阶段，各种类型的语料库将发挥很大作用。

3.3 翻译过程中需要的软件

翻译过程中常使用的语料库有双语/多语平行语料库、类比语料库和参考语料库。前者主要帮助学生译者了解专业译者或职业译者的翻译策略或者技巧；后两者有助于译者检查语言的地道性。

译者可以使用在线语料库，也可以使用自己建立的语料库。自建语料库的方法较多，基本的方法是先扫描或转写文本，然后将其存储到个人电脑上；也可以从网络上下载文本并整理成需要的语料库。如建立政府工作报告语料库，可以下载历年政府工作报告，进行中英文对齐，再根据要求进行检索。也可以使用Sketch Engine平台或上海外国语大学语料库研究院开发的智能化多语种教学科研平台（网址为https://instcorpus.com/，该平台完成本地部署后可以提供自定义语料库功能，支持本地语料的上传与分析，允许自定义标注集，用户可进行个性化设置），在平台上建立自己的语料库。使用较成熟的平台的优势是检索时可以使用平台提供的软件。自己建立语料库比较耗时，但好处是可以控制文本类型，尤其是能把控文本质量。但不管使用什么类型的语料库，翻译过程中都需要借助软件进行搜索、查询。语料库软件的种类较多，有免费版如AntConc，也有付费版如WordSmith，还有综合各种软件的语料在线平台，如Sketch Engine和COCA。本部分将分别介绍语料库建设与检索过程中需要的基本软件。

3.3.1 ParaConc

使用双语 / 多语平行语料库时，首先要进行语料对齐。进行双语 / 多语语料对齐的工具较多，如 ParaConc、ABBYY Aligner、Tmxmall 在线对齐等。这里简单介绍 ParaConc。ParaConc 是国际上使用较普遍的一款对齐工具，不仅可以进行双语 / 多语语料对齐，还可以进行双语或多语检索和提取（Barlow，1995）。检索界面分为上下两个窗口，能直观展示原文和译文的对应关系，实现一对一或一对多对应检索（见图 3–1）。对于学习者来说，能够直观地观察到专业译者的翻译策略和技巧，是提高译文质量的有效手段。相近语言对如欧洲语言对的对齐效果相对较好，英汉 / 汉英语言对对齐的效果较弱，需要较多人工介入，如汉语需要先分词，再进行对齐和检索。

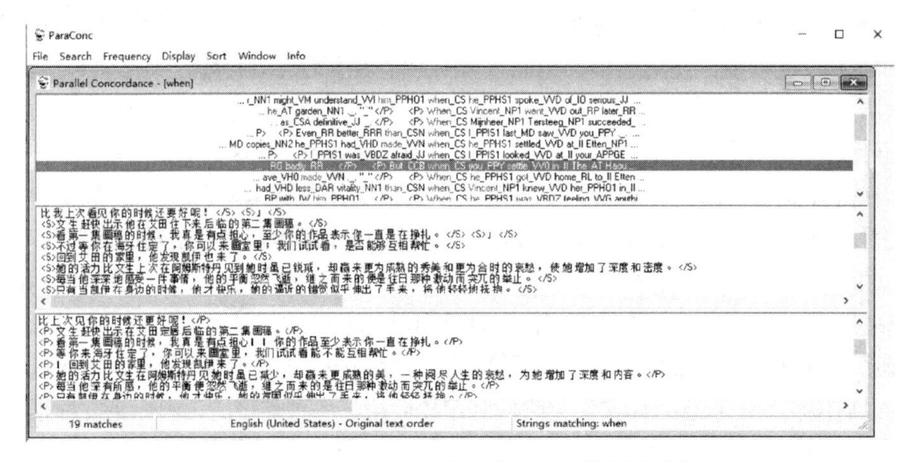

图 3–1　用 ParaConc 检索“when”引导的从句

ParaConc 支持各种形式的检索，可以检索字、词、句，还支持正则表达式[①]检索。图 3–2 展示了 ParaConc 支持用正则表达式检索被动语态。

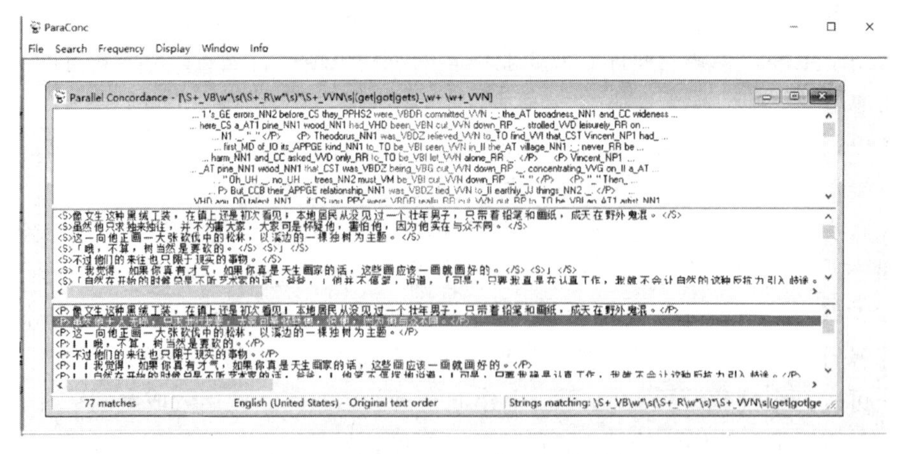

图 3–2　用 ParaConc 检索被动语态

① 正则表达式又称规则表达式，英语是 Regular Expression，简写为 regex、regexp 或 RE。正则表达式通常被用来检索、替换符合某个模式（规则）的文本。关于正则表达式的规则与写法，可以参考网址 *http://www.regular-expressions.info/quickstart.html*。

3.3.2 AntConc

能否有效使用语料库很大程度上与是否熟练掌握检索工具有关。因此，语料库建成后，学习使用语料库检索工具就变得更加重要。国际语料库语言学研究中常使用的软件有 AntConc、WordSmith。这两款软件的功能大同小异。WordSmith 是商业软件，由 Scott（2004）开发。WordSmith 自问世以来不断升级，至 2023 年 6 月已升级至 8.0 版本，它的主要功能包括展示检索（concord）、词表（wordlist）和关键词（keyword）。AntConc 由 Laurence Anthony 教授开发，是一款免费软件。该软件自问世起不断升级，功能日趋完善。该软件支持多种版本，如 Windows、Mac、Linux 等版本，安装方便。

AntConc 3.2.1 版本的功能可参考王春艳（2009）的文章，该文章介绍了该版本的三项主要功能：词语搜索、生成词表和主题词功能。本书基于 AntConc 4.2.0（下载网址为 https://www.laurenceanthony.net/software/antconc/），介绍其主要功能。4.2.0 版本增加了一些新功能，如增加了支持 PDF 格式的文本（旧版本通常只支持 TXT 格式的文本）、词云展示的功能。下面以《2022 年政府工作报告》为语料，具体展示其功能。

首先打开 AntConc，导入政府工作报告语料，点击文件（File），点击打开文件快速建立语料库（Open File(s) as ‘Quick Corpus’）。也可以批量导入多个文件。

图 3–3 显示了 AntConc 的主要界面。左边第一栏显示的是导入语料后的相关信息。如本次导入了一个文件，库容是 14 024 个词次。右边第一行是菜单栏，该菜单栏显示了 AntConc 的主要功能：语境中的关键词（Key words in contexts，简称 KWIC）、定位（Plot）、文件浏览（File View）、词丛（Cluster）、N 元模式（N-Gram）、搭配（Collocate）、生成词单（Word）、关键词（Keyword）和词云（Wordcloud）。

图 3–3　AntConc 的主要界面

（1）语境中的关键词

关键词信息检索是 AntConc 最主要的功能之一。搜索查询（Search Query）中显示了三种类型的搜索，分别是词（Words）、大小写（Case）和正则表达式（Regex）。勾选上

Words 时，支持单词的精确检索；不勾选时，为模糊检索，可检索到所有包含被检单词字母在内的词汇。勾选上 Case 时，区分大小写，不勾选时默认小写。勾选上 Regex 时，需要使用正则表达式。点击 KWIC，输入想要检索的词汇（以 development 为例），点击开始。结果会显示“development”在该语料中的总出现频率（Total Hits）（见图 3–3）。（对大小写有要求的用户需要注意在检索时勾选相应的选项。）

观察索引行对于学习者提高语言学习能力非常重要。图 3–3 展示了 development 出现的语境。我们以 development 为锚点词，点击 Sort Options 按钮中的 Sort On Left 可以查看 development 的修饰词。如修饰 development 的动词有 accelerate、support、advance、boost 等。同样也可以检索 development 右边的词。还可以根据用户需求进行定制，如设置高级搜索（Adv Search）。

（2）定位

定位展示了检索词所在索引行的位置，也就是该词在该文件中出现的位置。如果以小说文本中的人物为检索词，可以展示该人物在小说文本中出现的位置。如果搜索不同译本，可以展示该检索词在不同译本中的位置情况。此外，该功能还提供了标准化频率（NormFreq）和偏离值（Dispersion）信息。

（3）文件浏览

查看检索词在全文出现情况。检索词高亮显示（默认为蓝色），点击右下角的 Hit Location，可以快速跳到上一个或下一个检索词。

（4）词丛

词丛主要指搭配词或者比搭配词更长的词块，可以是 2 词、3 词、4 词或者更长的词块。词丛和 N-gram 非常相似，其中的 N 可以根据需要进行设置。词丛常出现在语言学研究中，而 N-gram 则多应用于自然语言处理。学习者可以根据需求选择检索词出现在左边还是右边。如图 3–4 所示，界面右侧第 5 条中显示的词丛是“development philosophy”（发展理念），双击该行后可以迅速回到语境中的关键词功能，查看该词丛出现的语境。用户可以选择词丛的最大 / 最小长度和出现频率，还可以设定检索词的出现位置（如选择出现在该词丛的左边还是右边）。

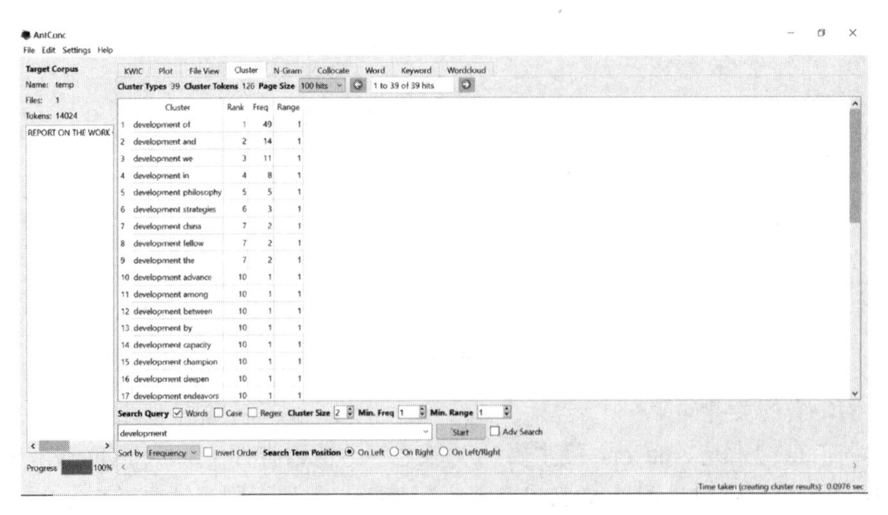

图 3–4　AntConc 的词丛功能

（5）N 元模式

N 元模式指三个或以上的字词组合且重复出现的词组排列（Biber，et al.，1999）。有的 N 元模式是完整结构，有的则是不完整结构。我们以“This is a simple sentence.”为例，通常我们逐个单词进行阅读，即 This，is，a，simple，sentence；二元模式则是：This is, is a, a simple, simple sentence；三元模式则是：This is a，is a simple，a simple sentence。N 元模式和词丛相似。已有研究发现母语者习惯且非常自然地将 N 元模式这种词汇组合融入语言表达中。因此，N 元模式常被用来考察母语者和非母语者的语言差异，相应地，译者 N 元模式的使用特征常被用来考察不同类型译者的翻译能力。

（6）搭配

搭配一直是词汇学研究的重要课题，也是二语习得和翻译研究的重要话题。搭配研究可以追溯到 Firth（1957）的著名论述，“观其伴而知其意”。（You shall know a word by the company it keeps.）简单来说，搭配就是常见的单词组合，如动词与哪些介词或哪些名词搭配。学习者经常产出一些合乎语法但却有些别扭的句子，主要原因是搭配有误。搭配也是衡量词汇能力的关键指标。掌握搭配可以提高学习者的二语表达流利程度。对翻译来说，搭配有助于提高译文的地道性，从而使译者像本地人一样使用语言。观察搭配时可以设置跨距（通常设置为左 5 右 5）；还可以设置词汇的出现频率以及分类方式等（如图 3–5 所示）。

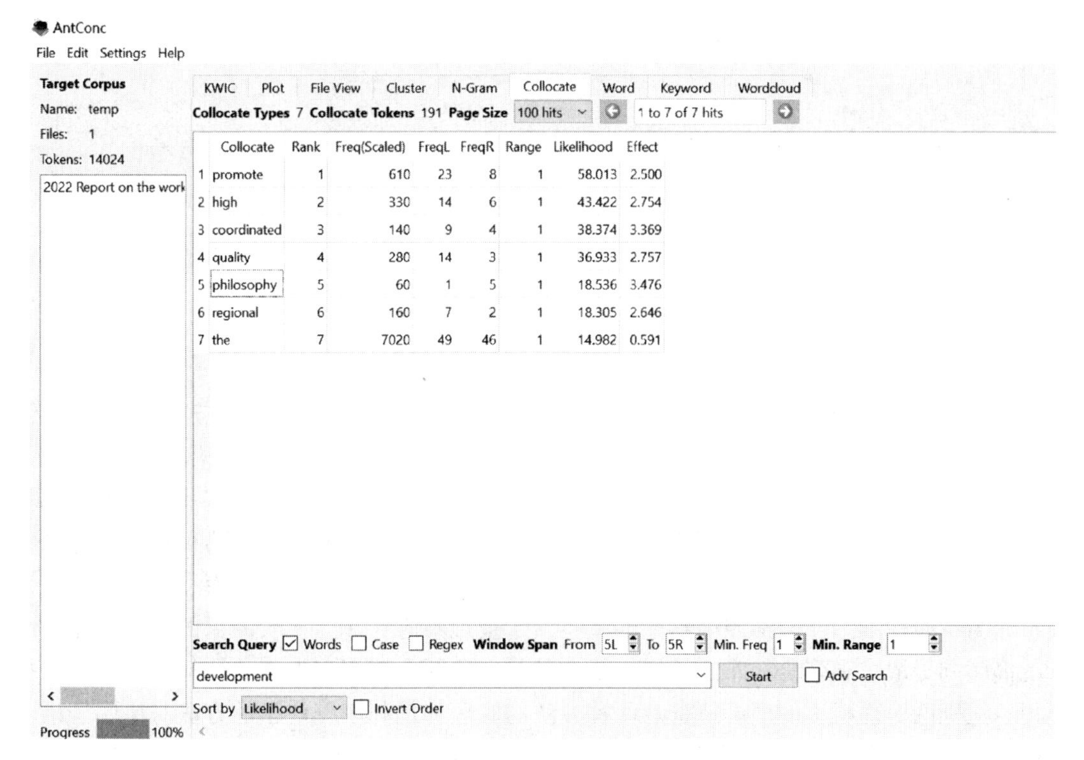

图 3–5 AntConc 的搭配功能

（7）生成词单

生成词单即生成单词表。点击 Start，可以快速生成词单。词单可以按照使用频率展示，也可以按照字母顺序展示。从图 3–6 可以看出，在检索《2022 年政府工作报告》时，如果按照使用频率排列，使用频率排在前十位的绝大多数是虚词，如 and、the、of、to 等。而“development”排在了第十位，是报告中使用频率最高的实词，体现出“发展”问题是我们国家最关心的议题之一。如果要生成术语表，也可以将虚词剔除，生成只含有实词的术语表。利用生成词单的功能可以统计出每个单词的出现频次。

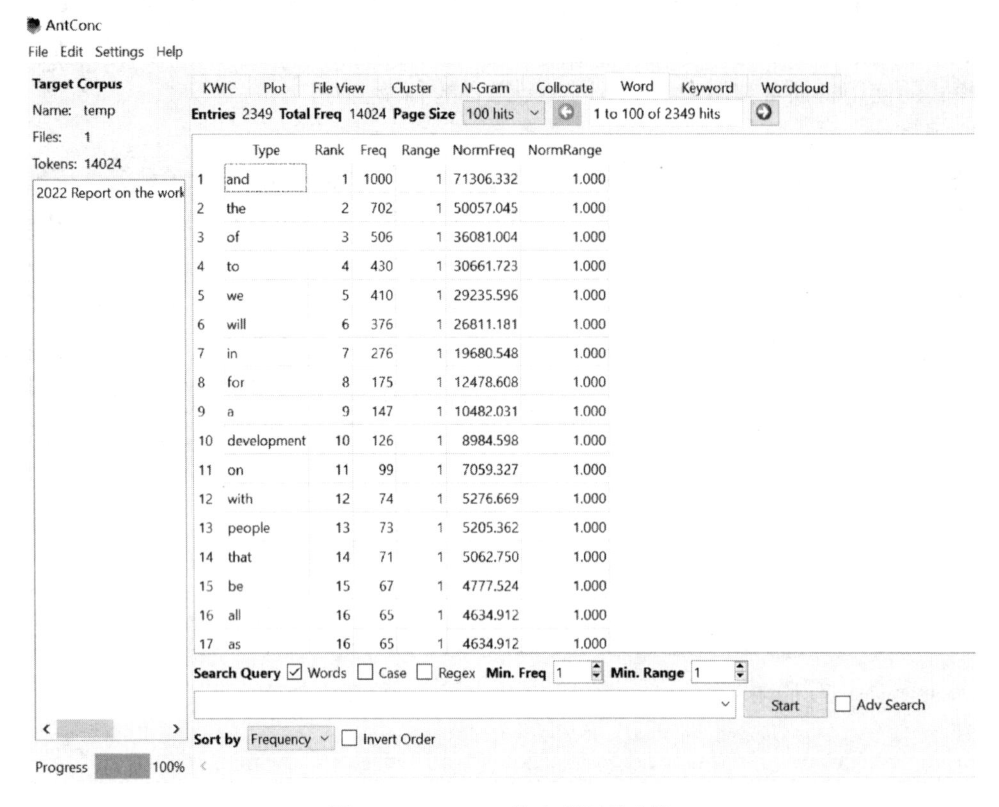

图 3–6 AntConc 的生成词单功能

（8）关键词

除了生成普通词单外，AntConc 还可以生成关键词单。关键词单旨在透过词语的关键性分析（keyness），找出某一主题文本的词汇特征。基本原理是比较两个语料库中的词汇，以统计学的方法识别出不寻常高频或者不寻常低频的主题词。原则上，这些研究方法都基于一个参照语料库和一个被观察语料库。目前利用主题关键性的方法有两种：第一种是对比两个库容差别比较大的语料库，其中库容较小的语料库是被观察语料库，库容较大的语料库作为参照标准。通常参照语料库的库容大于被观察语料库。比较的目的是透过显著不同的高频词提取被观察语料库的特征。第二种是对比两个差不多大小的语料库，目的是找出可以区别两个语料库的词汇特征。两种方法的原理都是利用统计学的方法对比两个语料库的词表，看哪些词属于不寻常高频或低频的主题词，进而分析文体类型或者作者风格。由于它不是分析单一语料库的词汇频率，因此能凸显出专门用于该特定话题中的词汇，还可以用类似方法识别关键词丛。具体方法是点击 File View 中 Corpus Manager 的词单功能，先分别生成两个语料库的词单，然后对比两个语料库的词单功能，生成关键词单。

（9）词云

AntConc 4.2.0 版本增加了词云功能。词云是由词汇组成类似云的彩色图形，通过可视化方式展示大量文本数据。每个词的重要性以字体大小或颜色显示，有助于快速感知最突出的文字。点击 Start，快速生成了《2022 年政府工作报告》的词云（见图 3–7）。通过该图，我们可以快速了解《2022 年政府工作报告》的主题，即围绕“发展”的主题展开。

图 3–7 AntConc 生成的《2022 年政府工作报告》的词云

上面我们介绍了 AntConc 的基本功能，大家可以根据研究和学习的需要，使用真实语料尝试使用每个模块的功能。

3.3.3 语料库在线平台：Sketch Engine

Sketch Engine 是一款在线平台工具，其网址是 https://www.sketchengine.eu/。在欧洲地区译者或翻译学员可以通过学校账户免费使用，其他地区的译者或学生译员需要购买或者使用邮箱注册试用版，免费试用 30 天。Sketch Engine 是词汇计算有限公司（Lexical Computing Ltd.）开发的一套语料库管理与文本分析系统，旨在帮助语言学家、语料库语言学家、译者和语言学习者检索大量文本，借助语料库方法自动提取信息。该平台于 2004 年由英国布莱顿大学 Adam Kilgarriff 教授团队开发。Sketch Engine 最初的使用者多是出版社，如麦克米伦出版社、牛津大学出版社、剑桥大学出版社等。经过多年发展，该平台已经相对比较成熟，目前被广泛应用于牛津大学出版社、剑桥大学出版社等出版社的词典出版项目，以及语言学习、教材开发、自然语言处理等项目。Sketch Engine 支持 90 多种语言的 600 多个在线语料库，库容达到 600 亿词（截至 2023 年 4 月 13 日）。Sketch Engine 中涵盖的语料库类型丰富，有单语语料库、双语平行语料库、学习者语料库、历史语料库等。该平台对于用户非常友好，用户可以使用 Sketch Engine 已有的语料库，也可以通过 Sketch Engine 平台上传、建设、加工、分享和探索自己的语料库。

Sketch Engine 的功能模块较多（见图 3–8），涵盖单词素描（Word Sketch）、单词素描差异（Word Sketch Difference）、同义词词典（Thesaurus）、索引行（Concordance）、平行索引（Parallel Concordance）、词单（Wordlist）、N 元组合（N-grams）、关键词（Keywords）、趋势（Trends）、文本类型分析（Text type analysis）、快速生成词典（OneClick Dictionary）和双语术语（Bilingual terms）。常被使用的模块是单词素描、单词素描差异和同义词词典。

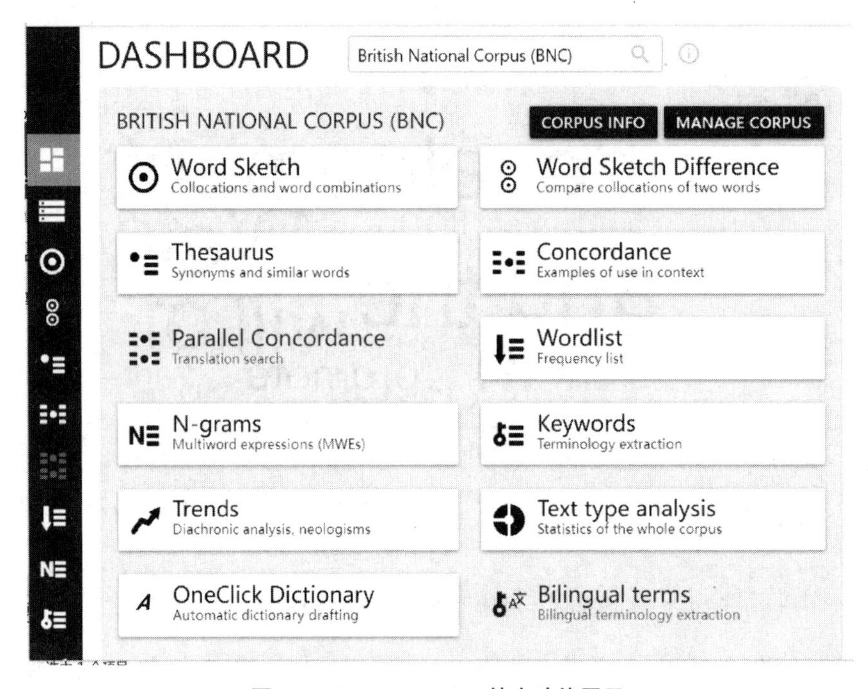

图 3–8　Sketch Engine 基本功能展示

下面我们重点介绍上述 Sketch Engine 功能模块中的七种。

（1）单词素描

单词素描主要展示关键词检索的语法和搭配行为，提供了非常详细的语境来展示关键词的使用方法、搭配以及出处，尤其是最常用搭配。单词素描本质上是考察查询单词的搭配行为，索引行中的例句内容非常丰富，注明出处（如报纸、杂志）与类别（如法律、经济等）。值得注意的是，单词素描功能中的搭配信息是基于语法网络而获得的，而不仅仅是位置上的相邻关系。基于某个单词的搭配行为，学习者可以将其扩展到英语母语者的使用语境。了解该词在不同语境中的出现频率以及了解与之相关的词汇，对于学习者尤其是二语学习者扩大词汇量和培养语感非常有帮助。

使用 Sketch Engine 时，首先要根据需要选择合适的语料库。例如我们选择 BNC（British National Corpus）语料库，并以“economy”为索引词，可检索出“economy”一词的常用搭配（如图 3–9 所示）：与 economy 常搭配的动词有 boost、stimulate、revive 等；economy 作主语时，常用的搭配有 economy grew、economy recovers 等，以及与 economy 并列的结构、常用来修饰 economy 的词等。词汇后的数字为该搭配的出现频率和搭配强度。Sketch Engine 的单词素描功能非常强大，如同给我们提供了一个非常庞大的词典。系统按照统计学的方法将该词重复出现的形式重新排列。到目前为止，只有 Sketch Engine 提供单词素描功能。这种展示形式不仅方便词典学家进行词典编辑，而且对于语言学习者以及学生译员掌握地道的搭配也非常有帮助。

WORD SKETCH　British National Corpus (BNC)

economy as noun 12,287×

prepositional phrases　nouns and verbs modified by "economy"　modifiers of "economy"

verbs with "economy" as object		
boost (to boost the economy)	39	8.4
stimulate (to stimulate the economy)	40	8.2
revive (to revive the economy)	27	8.0
expand	32	7.8
restructure	18	7.7
manage (managing the economy)	44	7.7
dominate	31	7.6
rebuild (rebuild the economy)	17	7.5

verbs with "economy" as subject		
grow (economy grew)	71	7.9
recover (as the economy recovers)	25	7.9
expand	17	7.3
move (get the economy moving)	41	6.9
improve (the economy improves)	15	6.9
slow	11	6.9
continue (economy continued to)	34	6.5
experience	11	6.4

"economy" and/or ...		
efficiency (economy , efficiency and effectiveness)	60	9.4
finance (economy and finance)	60	9.2
society (economy and society)	105	9.1
economy	30	8.0
democracy	18	7.7
state	39	7.6
politics	16	7.2
polity	8	7.1
effectiveness	9	7.0

adjective predicates of "economy"		
booming	8	9.4
dependent	21	8.8
weak	8	8.2
strong	8	7.0
due	6	5.0
such (economy such as the)	14	4.5

图 3–9　Sketch Engine 中 BNC 语料库中“economy”一词的单词素描

（2）单词素描差异

单词素描是全面展示预检索单词的使用概况，而单词素描差异是全面比较两个词义相近单词的差异。这里词义相近的单词和同义词不同，同义词比较容易理解，如 great 和 good、generate 和 create；词义相近的词也不难理解，即出现语境和搭配都比较类似的词，如 tea 和 coffee 属于词义相近的词。基于语料库的实证教学将为语言使用提供更坚实的基础。单词素描差异基于统计学信息展示了词汇的搭配和句法行为，对语言学习或翻译实践特别有帮助。我们以非常常用的两个词“good”和“great”为例。图 3–10 展示了它们的搭配和出现语境，从图中我们可以非常清楚地了解到相近词汇的搭配倾向。

WORD SKETCH DIFFERENCE　British National Corpus (BNC)

good 125,933×　great 59,408×

"good/great" and/or ...

subjects of "be good/great"		
thing	66	0
food	50	0
weather	48	0
result	47	0
something	108	18
sound	55	12
time	55	111
value	0	17
difference	0	19
risk	0	23
power	0	30
need	0	37

modifiers of "good/great"		
pretty	464	0
no	1,221	50
very	4,961	408
really	862	90
as	1,377	218
much	1,210	782
too	466	384
far	336	441
even	330	559
significantly	70	112
considerably	21	50
truly	8	45

nouns and verbs modified by "good/great"		
reason	1,137	7
way	1,943	57
news	1,213	52
idea	2,113	119
thing	1,868	349
interest	548	472
deal	1,508	4,012
number	83	601
success	18	481
majority	0	393
difficulty	0	427
importance	0	558

infinitive objects of "good/great"		
use	92	0
let	37	0
avoid	39	0
keep	65	0
eat	31	0
make	99	7
get	111	11
have	202	26
see	247	52
be	322	82
play	26	7
hear	23	7

图 3–10　Sketch Engine 中“good”和“great”的单词素描差异

图 3–10 展示了“good”和“great”的部分功能、搭配和出现语境，如第三列列出了“good”和“great”修饰名词和动词的情况：good 的常用搭配有 good reason、good way、 good news 等，而 great 的常用搭配则是 great majority、great difficulty 等。通过示例，语言学习者和译员较容易掌握二者的差异。

（3）同义词词典

同义词词典是 Sketch Engine 最重要的功能之一。这里的同义词不是狭义上的同义词，而是指意义相似的词或者在相似领域中可能出现的词。

我们使用 Sketch Engine 的同义词词典功能检索“improve”一词，就能出现很多与 improve 相关的词语（如图 3–11 所示），如 increase、ensure、change、affect 等，但它们之间不是严格意义上的同义词。

	Word	Frequency ?	Similarity ? ↓			Word	Frequency ?	Similarity ? ↓	
1	increase	28,435	0.376	...	11	develop	27,227	0.313	...
2	ensure	14,021	0.371	...	12	create	21,421	0.310	...
3	change	28,032	0.369	...	13	influence	5,542	0.307	...
4	affect	13,095	0.363	...	14	promote	6,528	0.307	...
5	maintain	12,381	0.357	...	15	enable	10,135	0.306	...
6	enhance	3,143	0.354	...	16	limit	6,582	0.294	...
7	reduce	19,166	0.348	...	17	establish	17,828	0.294	...
8	alter	4,214	0.332	...	18	encourage	12,173	0.285	...
9	achieve	16,725	0.331	...	19	er	14,020	0.284	...
10	expand	4,937	0.316	...	20	reflect	11,290	0.282	...

图 3–11 Sketch Engine 的同义词词典功能检索“improve”一词的结果展示

（4）索引行

索引行是语料库最基本的展示方式，旨在帮助使用者查看更大语境下的词汇使用。索引行以上下文的形式展示词汇的语境与出处（如图 3–12 所示）。

	Source	Left context	KWIC	Right context
	flosshub.org	nSym 2017) is the premier conference on open collaboration	research	and practice, including open source, open data, open science
	flosshub.org	lated social media, Wikipedia, and IT-driven open innovation	research	. </s><s> OpenSym is the first conference series to bring tog
	flosshub.org	to bring together the different strands of open collaboration	research	and practice, seeking to create synergies and inspire new coll
	flosshub.org	This will be achieved through a combination of high-quality	research	papers, tutorials, workshops, demonstrations, and invited talk
	flosshub.org	processes, among other areas, which have been driving FOSS	research	in both computer science and social sciences. </s><s> This s
	societalsecurit...	ou are looking for in order to further your work, whether it is	research	, policy making, advocating, reporting, or information thirst.
	societalsecurit...	will be able to find scientific publications, policy documents,	research	projects, blogs, video interviews and presentations, research
	societalsecurit...	research projects, blogs, video interviews and presentations,	research	projects, reports and links. </s><s> This is also where you ca
	harford.edu	or full-time faculty to shift from a teaching-centered role to a	research	/scholarship-centered role while maintaining a full-time, activ
0	harford.edu	overing Colonial Chesapeake Diets with James G. Gibb, Ph.D.,	Research	Associate, Smithsonian Environmental Research Center </s>
1	harford.edu	. Gibb, Ph.D., Research Associate, Smithsonian Environmental	Research	Center </s><s> Friday, April 26, 2019 6:30 p.m. Student Poste
2	harford.edu	's, the 2018-19 Scholar-in-Residence, will conduct an applied	research	study of Harford County's agriculture and food culture to stin
3	harford.edu	consumers (community members); collaborating and sharing	research	with government and non-profit organizations; assisting in ag
4	harford.edu	n preservation and sustainable food systems; and publishing	research	on farmers and public perceptions of new trends in agricultur
5	dbdump.org	· Learn more and manage cookies OK </s><s> Rob Warren's	Research	Blog </s><s> (This is the beginning of a series of blog posts
6	dbdump.org	experiences of the Muninn Project and the Canadian Writing	Research	Collaboratory in operating large linked open data projects. </
7	kottke.org	shower of matter that's flung across space. </s><s> Recent	research	suggests that many of the heavy elements present in the univ

图 3–12 Sketch Engine 的索引行展示

Sketch Engine 的索引行检索对大小写不敏感，也就是说检索 research、Research 和 RESEARCH 时结果都一样；也可以搜索单词形式或者词目（lemma）（搜索 research 时会出现 research、researching 等形式）。

（5）平行索引

Sketch Engine 内嵌双语平行语料库，可以进行在线查找。例如，我们选择联合国平行语料库，查询汉语“改善”一词，就会呈现该词的多种英语表达（如图 3–13 所示）。平行检索是学生译员翻译过程中最有帮助的参考资源之一。

图 3–13　Sketch Engine 的双语平行语料库检索展示

（6）词单

词单是 Sketch Engine 的重要功能之一。该功能与 AntConc 和 WordSmith 的词单功能非常相似。例如，在 Sketch Engine 平台上基于 BNC 语料库使用词单功能，就可以得到 BNC 语料库的词单（见图 3–14）。

WORDLIST　British National Corpus (BNC)

word

	Word	Frequency		Word	Frequency		Word	Frequency		Word	Frequency
1	the	6,054,939	14	for	880,805	27	not	452,545	40	an	338,811
2	,	5,063,028	15	i	872,236	28	but	446,752	41	's	338,372
3	.	4,818,451	16	on	731,234	29	from	425,966	42	there	319,836
4	of	3,049,448	17	you	668,407	30	had	421,228	43	n't	316,954
5	and	2,624,147	18	with	659,976	31	they	420,509	44	were	313,768
6	to	2,599,451	19	as	655,175	32	his	410,291	45	her	304,308
7	a	2,175,967	20	be	651,542	33	)	404,196	46	one	291,985
8	in	1,945,533	21	he	641,241	34	(	403,454	47	-	287,939
9	'	1,562,877	22	at	524,061	35	?	387,129	48	all	277,700
10	that	1,120,750	23	by	513,428	36	or	370,088	49	do	270,735
11	it	1,054,366	24	are	465,051	37	which	366,198	50	:	268,074
12	is	991,771	25	have	461,447	38	she	353,257			
13	was	883,547	26	this	454,532	39	we	351,135			

图 3–14　Sketch Engine 的词单功能生成的 BNC 语料库词单

（7）N 元组合

Sketch Engine 中 N 元组合的功能与 AntConc 和 WordSmith 也很相似。图 3–15 为 Sketch Engine 的 N 元组合功能展示的 BNC 语料库中 3–4 词的词单。

N-GRAMS British National Corpus (BNC)

3–4-grams, word (items: 2,342,853 , total frequency: 44,488,157)

	Word	Frequency		Word	Frequency		Word	Frequency
1	I do n't	37,147	18	the end of the	10,374	35	have to be	7,586
2	one of the	29,780	19	I did n't	10,353	36	the same time	7,564
3	the end of	20,719	20	in order to	10,222	37	the first time	7,419
4	as well as	16,846	21	I ca n't	9,986	38	members of the	7,398
5	part of the	16,699	22	in terms of	9,356	39	can not be	7,209
6	do n't know	15,406	23	at the end	8,964	40	at the time	7,038
7	out of the	15,238	24	there was a	8,687	41	I do n't think	6,985
8	a number of	13,790	25	the number of	8,591	42	would have been	6,974
9	a lot of	13,664	26	you do n't	8,222	43	to be the	6,899
10	end of the	13,397	27	that it is	8,144	44	it was a	6,841
11	be able to	13,382	28	it would be	8,029	45	It was a	6,765
12	some of the	12,885	29	the rest of	8,029	46	most of the	6,660
13	I do n't know	11,904	30	the use of	7,979	47	a couple of	6,651

图 3–15 Sketch Engine 的 N 元组合功能展示的 BNC 语料库中 3–4 词的词单

此外，还可以使用 Sketch Engine 建立自己的语料库。比如以政府工作报告为语料，建立双语平行语料库，再根据需求进行检索。图 3–16 显示的是在 Sketch Engine 自建平行语料库中基于“中国”和“China”进行双语检索的结果。

doc#0	<s> 以习近平同志为核心的党中央团结带领全党全国各族人民，隆重庆祝中国共产党成立一百周年，胜利召开党的十九届六中全会、制定党的第三个历史决议，如期打赢脱贫攻坚战，如期全面建成小康社会、实现第一个百年奋斗目标，开启全面建设社会主义现代化国家、向第二个百年奋斗目标进军新征程。</s>	<s> The CPC Central Committee with Comrade Xi Jinping at its core united and led the whole Party and Chinese people of all ethnic groups in accomplishing the following endeavors: We celebrated the centenary of the Communist Party of China ; The 19th CPC Central Committee convened its sixth plenary session where a resolution on the Party's major achievements and historical experience over the past century was adopted; We declared victory in the critical battle against poverty as envisaged; and We achieved the first centenary goal of building a moderately prosperous society in all respects on schedule and began a new journey toward the second centenary goal of building a modern socialist country in all respects. </s>
doc#0	<s> 中国特色大国外交全面推进。</s>	<s> We advanced China's major-country diplomacy on all fronts. </s>
doc#0	<s> 我代表国务院，向全国各族人民，向各民主党派、各人民团体和各界人士，表示诚挚感谢！</s><s> 向香港特别行政区同胞、澳门特别行政区同胞、台湾同胞和海外侨胞，表示诚挚感谢！</s><s> 向关心和支持中国现代化建设的各国政府、国际组织和各国朋友，表示诚挚感谢！</s>	<s> On behalf of the State Council, I wish to express sincere gratitude to all our people, and to all other political parties, people's organizations, and public figures from all sectors of society. </s><s> I express heartfelt appreciation to our fellow countrymen and women in the Hong Kong and Macao special administrative regions, in Taiwan, and overseas. </s><s> I also wish to express heartfelt thanks to the governments of other countries, international organizations and friends across the world who have shown understanding and support for us in China as we pursue modernization. </s>

图 3–16 Sketch Engine 自建平行语料库基于“中国”和“China”进行的双语检索结果展示

上面我们展示了 Sketch Engine 的 7 种主要功能，除此之外的其他功能如关键词、趋势、文本类型分析等，大家可以自行探索。

3.3.4 SKELL(Sketch Engine for Language Learning)

Sketch Engine 功能非常强大，但需要付费使用，或者使用邮箱注册后使用，且只能使用 30 天。为了让更多用户免费使用 Sketch Engine 的部分核心功能，学者们开发了简化版的 Sketch Engine，即 Sketch Engine for Language Learning（简称 SKELL），网址是 http://skell.sketchengine.co.uk，手机版网址为 http://skellm.sketchengine.co.uk。该平台包含日常、标准、正式和专业语言的高素质文本，适用于英语、德语等多个语种，无须付费，用户可以通过该平台查找目标语文本真实的语言使用，对于语言学习者、专业译者或者翻译学习者都非常有帮助。

SKELL 语料库的语料涵盖新闻、学术、Wikipedia、开源的非小说文本、网页、论坛和博客等。SKELL 包含三个功能：例句展示（Examples）、词汇素描（Word sketch）和相近词（Similar words）。下面我们依次介绍这三个功能。

（1）例句展示

除了检索词外，还可以展示该词的其他派生形式。该功能最多展示 40 个例子。以 research 为例，使用例句展示功能对其进行检索时可以显示 research、researched、researching 等派生形式。（见图 3–17）

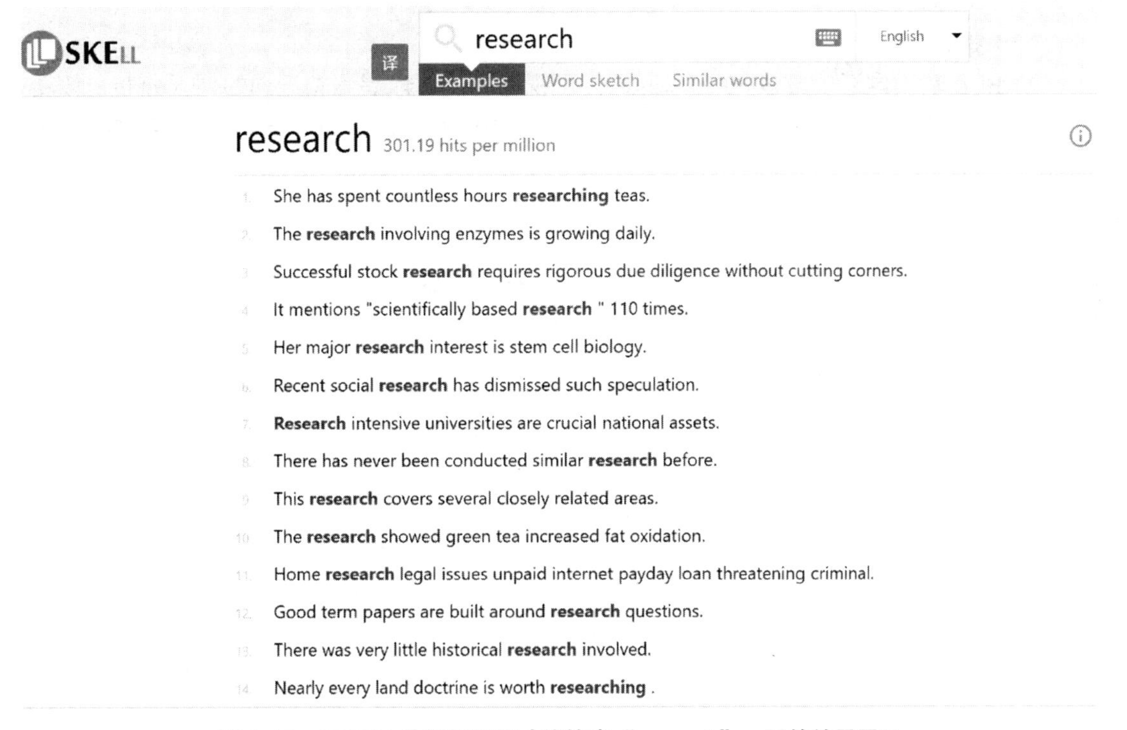

图 3–17 SKELL 的例句展示功能检索“research”一词的结果展示

（2）词汇素描

SKELL 词汇素描功能是 Sketch Engine 中单词素描功能的简化版本，最多只能展示 15 条，显示了搜索词最常见、最典型的搭配，更方便使用者掌握。图 3–18 为 SKELL 的词汇素描功能检索“research”一词的结果展示。

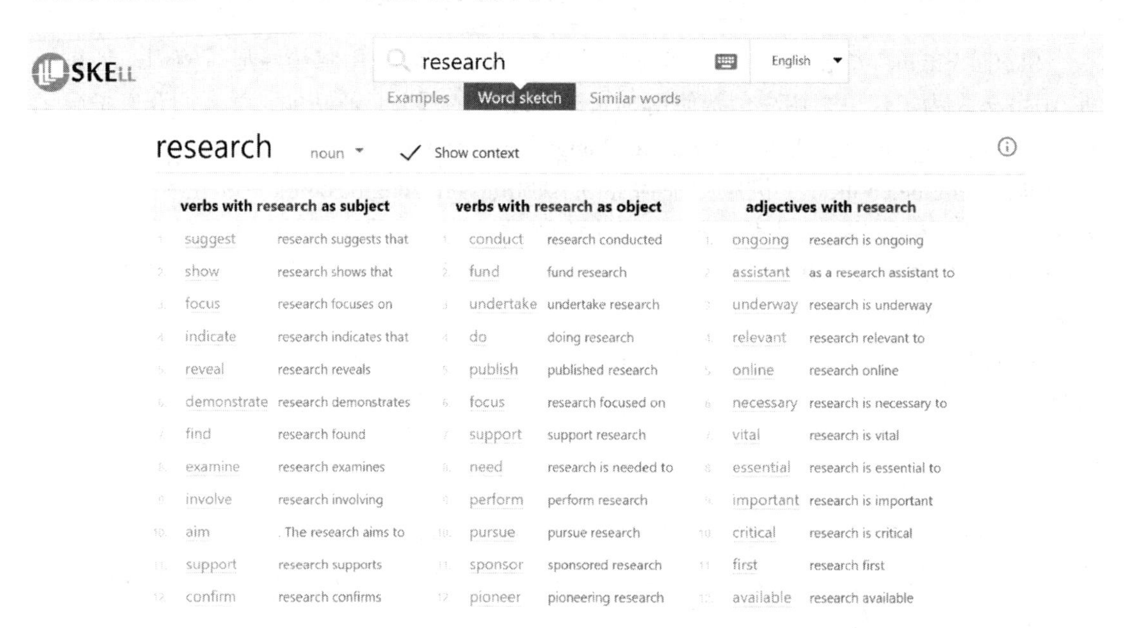

图 3–18 SKELL 的词汇素描功能检索“research”一词的结果展示

（3）相近词

SKELL 基于词汇（最多 40 个）的词云可视化功能可以展示相近词的词云分布，该功能可以展示同义词、近义词和其他相关词。图 3–19 为 SKELL 以“research”为例的相近词结果展示。

图 3–19 SKELL 以“research”为例的相近词结果展示

3.4 小结

本章主要介绍了语料库的相关知识，包括语料库的定义、类型、翻译过程中需要掌握的语料库，如平行语料库、类比语料库和参考语料库。此外，本章介绍了语料库的各种工具，如 ParaConc、AntConc 等，以及一些成熟、完善的语料库平台，如 Sketch Engine、SKELL 等。语料库的其他工具和平台，如 Wordsmith、LancsBox、COCA 语料库等，功能大同小异。大家可以结合平时的学习举一反三，不断练习和掌握，探索语料库的更多奥妙。

计算机辅助翻译工具应用案例

计算机辅助翻译工具（Computer-Assisted/Aided Translation tools，简称 CAT tools 或 CAT 工具）不仅仅是职业译者的利器，也在逐步进入课堂，成为学生译员的必备。

有的同学一看到计算机辅助翻译就想到机器翻译（Machine Translation），甚至认为二者是一回事。事实上，二者虽有重合之处，但也有很大差异。计算机辅助翻译的核心功能是术语库（Translation Base，简称 TB）和记忆库，即翻译记忆（Translation Memory，简称 TM），主要功能在于检查术语 / 句段与以往翻译过的句子是否相似。使用术语库或记忆库时，翻译过程中会显示已有的翻译选择，译者如果对提供的译文满意，可以点击确认按钮，接受该翻译单元（Translation Unit）；或者译者只需要确定语序、屈折变化、人称变化、单复数等必要的修改，这比传统的人工翻译节省很多时间和精力。这种方式也有助于提高译文的一致性，同时降低认知努力、时间成本和翻译成本。也就是说，CAT 工具本身不会翻译，但是可以匹配或提取信息，尤其是再次利用传统的人工翻译过的信息。CAT 工具有助于提高翻译速度，促使译文的术语和表达更一致；CAT 工具只会帮助译者提升翻译能力而不是取而代之。

机器翻译速度快、成本低，在翻译市场上越来越受欢迎。使用机器翻译是为了实现自动翻译。机器翻译和人工翻译因机械化和人工介入的程度不同，分为全自动高质量翻译、人助机译（Human-Aided Machine Translation，简称 HAMT）、机助人译（Machine-Aided Human Translation，简称 MAHT）和传统人工翻译（具体见图 4–1）。从图 4–1 中我们可以看出计算机辅助翻译和机器翻译的区别，计算机辅助翻译位于图的中间部分，而全自动高质量翻译（即机器翻译）和传统人工翻译分别位于图的两端。计算机辅助翻译包括机助人译和人助机译，前者是机器帮助译者进行人工翻译，起到辅助作用；后者的机械化程度更高，是由译者检查机器翻译的译文，这种类型的翻译也更接近机器翻译。

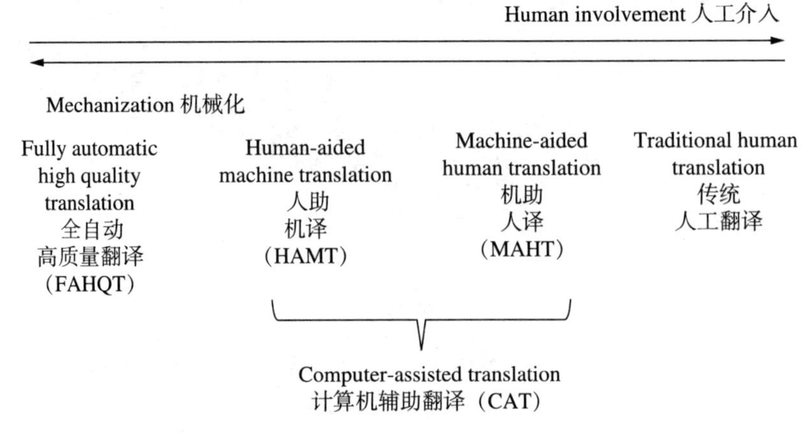

图 4–1　计算机辅助翻译和机器翻译对比（Hutchins，Somers，1992）

与普通的文字处理工具相比，计算机辅助翻译的优势有哪些？

首先，计算机辅助翻译工具可以处理不同格式的文档，实现可见即可翻。当今译者需要处理的文件格式很多，除了常用的 DOC、TXT 外，还有 PDF、PPT、XLS、JEPG、在线帮助文档、网页以及图文并茂的文件等。客户通常要求译者提交相同格式的译文，普通的文字处理工具会使译者花费大量时间和精力来处理文档格式，计算机辅助翻译工具则可以帮助译者解决格式问题，提供“可见即可翻”模式。除了帮助译者解决不同格式文档的翻译外，还可以自动调整文字格式，如字体、表格、图片等，无疑可以帮助译者节省很多时间。

其次，计算机辅助翻译软件可以提供术语库和记忆库。计算机辅助翻译的原理是借助计算机在存储、对比、搜索等方面的优势，帮助译者省去一些重复工作，促进译者更快、更准确地完成翻译工作。计算机辅助翻译软件的优势在于可以借助计算机的优势重复利用已有的译文，从而使译者无须翻译相同的句子。用户每次打开一个新文档，CAT 工具会自动寻找以前翻译过的文本，旨在实现匹配。

最后，计算机辅助翻译软件有助于实现多人合作。计算机辅助翻译一般采取客户–服务器结构（Client-Server），该结构充分利用局域网（Local Area Network，简称 LAN）和互联网，将翻译资源部署到服务器上，而不是个人电脑上，允许多个译者、修改者、术语专家、项目经理、校对、排版等人员通过服务器远程工作，从而实现多人共享。目前很多大型项目需要短时间内由多人合作完成，要求翻译速度快，且译文中的术语要保持一致，市场的这种需求一定程度上促成了计算机辅助翻译的大量使用。

计算机辅助翻译工具的设计理念是对等（equivalence）。我们知道对等与文本类型有很大关系，非文学文本更容易实现对等，这也是计算机辅助翻译工具更适合处理非文学文本如科技文本的一个重要原因。译者也需要特别关注计算机辅助翻译软件的潜在劣势，如计算机翻译软件提供的术语通常脱离语境。同一个词或短语在不同领域的意义可能相差很大。因此，翻译过程中，即使某个词、短语或词串是计算机辅助翻译工具所推荐的，译者也应额外关注其语境差异。

4.1 计算机辅助翻译的常用概念

计算机辅助翻译的两个最重要的核心概念是术语库和记忆库。术语库主要存储双语术语，是集成到计算机辅助翻译环境下存储术语的数据库（Rothwell，et al.，2023）。掌握术语对译者非常重要，灵活使用术语库不仅能帮助译者提高翻译速度，还有助于译者（尤其是在多人合作过程中）保持术语一致。但统计却发现，译者在术语库管理上投入的时间较少。鉴于术语库的重要性，我们建议学生译者在建立翻译项目时要有建立术语库、维护术语库的自觉意识。

在计算机辅助翻译工具问世之前，译者已经非常重视术语提取。相对于专业的术语库存储文件，译者更熟悉 Excel 表格，因此，很多译者使用 Excel 表格存储和提取术语信息。Excel 表格在处理数字、进行运算方面优势明显，但如果术语比较长，再加上例句等拓展内容，就不利于阅读了。Austermuhl（2001）、Olohan（2016）等指出 Excel 表格的不足还包括有限的可视化功能；多语术语库需要使用多列文件，展示功能相对麻烦；文件比较大时搜索很困难；目前使用的计算机辅助翻译软件和语料库提取软件基本都不能搜索 Excel 表格，需要大量的人工介入。此外，Excel 表格在存储图表、图像、录音和录像等文件时的劣势也非常明显。计算机辅助翻译环境下的术语库则能实现快速查询，展示方式上也比较友好，如以上下窗口形式展示术语匹配（matching）；译者再根据语境来选择直接插入该术语或是进行修改，又或者不接受术语库提供的选择，自己提供新术语等。

术语库与我们通常使用的术语表、词汇表（glossary）不一样。术语表和词汇表通常以源语和译语各占一列的形式展示，而术语库是面向概念的（concept oriented），每个词条都围绕概念开展。术语库包含的信息很多，可以涵盖不同拼写形式、词汇变体、定义、领域、例子、来源，甚至是图像等。充当术语的一般是名词、动词、名词短语、动词短语或者多词单位，功能词通常不能充当术语。用户还可以根据需求随时增加、删减新信息（Rothwell，et al.，2023）。研究者发现翻译过程中查找术语占了译者 60% 的时间（NKwentiAzeh，2001）。在一些专业领域，如医学翻译和法律翻译中，术语翻译占用的时间更多。

翻译记忆库（Translation Memory Base）是主要存储翻译单元的数据库，用户可以自行添加、删除、修改和查询，翻译过程可以重复使用数据库中存储的句子和片段（Rothwell，et al.，2023）。

本章我们以国际上通用的计算机辅助翻译软件 Trados 和 memoQ 为例，介绍计算机辅助翻译的基本功能。

4.2 Trados 使用实践

SDL Trados Studio 是一款桌面级计算机辅助翻译软件和集成工具，主要功能是快速创建、编辑和审校高质量翻译，帮助译者提高翻译速度和翻译质量。译者可以通过桌面工具离线使用该软件，也可以通过云端在线使用它。SDL Trados Studio 较常用的类型版本包括 Trados Studio Freelance 和 Trados Studio Professional，前者主要提供翻译和审校需要的各种工具，用户多是个人译者；后者能够提供众多语种、管理翻译项目并支持在网络上运行的Studio，用户多是语言服务提供商。对于学习者而言，使用最多的是Trados的术语库和记忆库的功能。目前常使用的计算机辅助翻译工具既有免费软件，也有商业软件。主要采用的形式是使用工作站（workstation或workbench），即将系统安装在一台独立电脑上，如Trados Studio等要求购买独立账号。学校等单位多使用工作站的形式，学生译者通常使用该软件提供的免费试用版。

4.2.1 Trados 常用功能概况

（1）Trados简介

Trados，亦称为塔多思，是翻译团队、职业译者以及学生译者广泛使用的翻译辅助工具。其主要目标是提升翻译过程的效率和质量。Trados取自三个英文单词：Translation（翻译）、Documentation（文档）和Software（软件），正如其名称所示，它是专为译者量身打造的一款文档处理工具。它出自Trados GmbH公司，该公司由约亨·胡梅尔（Jochen Hummel）和希科·克尼普豪森（Iko Knyphausen）于1984年在德国斯图加特成立。20世纪80年代晚期，该公司开始研发翻译软件，90年代早期发布了第一批Windows版本软件，包括1992年的MultiTerm和1994年的Translator's Workbench。得益于微软采用Trados进行软件本地化翻译，Trados公司在90年代末期成为桌面翻译记忆软件行业领头羊。Trados的研发、上市远远早于市场上其他同类软件，是CAT领域的拓荒者、领头羊及CAT软件标准制定者。2005年，SDL公司收购Trados，加大研发投入，软件技术持续快速发展。Trados是全球第一款计算机辅助翻译软件。经多年发展，目前支持250余种语言，支持绝大多数通用的文档格式，以及Windows 7 SP1、Windows 8.1、Windows 10、Windows Server 2012 R2、Windows Server 2016、Windows Server 2019等操作系统。

2020年SDL市场调研显示，在全球所有的计算机辅助翻译产品中，Trados的市场占有率位居第一，高达85%。全球超过20 000家企业使用Trados，超过70%的职业译者使用该产品完成翻译任务，超过80%的翻译项目借助Trados完成，客户来自联合国、欧盟和400余家财富500强企业等。上万家政府机构、公司、高等院校和科研机构等均使用Trados，它已经成为个人、企业、政府机构、科研组织、翻译教学单位的首选翻译软件。在翻译供应商中，Trados占有市场绝对优势。Trados还与600多所高校建立了合作关系，如建立计算机辅助翻译实验室等。

SDL Trados Studio 2019包含Trados Studio和MultiTerm两个组件，前者为专业的翻译平台，后者为术语库管理工具。Trados的作用体现在翻译流程的各个环节，包括译前准备、译中处理和译后总结，如分析待译稿件，统计字数，利用可重复使用的翻译术语库、记忆库、机器翻译提供的标准术语和机器翻译引擎来避免重复翻译，保持翻译一致性并提高术语质量，系统管理语言资产，协助语料库建设等。此外，软件还提供智能输入、质量检查、辅助排版等功能，可以大幅度减少翻译过程中耗时、重复的劳动，并提供可靠的质量保障，极大提高翻译人员的工作效率，降低翻译成本。除了在翻译流程中对译者提供帮助外，Trados翻译管理系统（Translation Management System，简称TMS）也可协助翻译项目经理（Translation Project Manager，简称 TPM）进行项目管理，如翻译及分配审校任务、实时监控项目流程、管理翻译资产等。

（2）Trados 界面介绍

图 4–2 展示了 SDL Trados Studio 2019 的主界面。主界面由菜单栏、视图栏和工作区三部分组成。在翻译项目流程中，译者可根据不同阶段的工作需要，在不同视图中，使用菜单栏中的功能按键在工作区进行相关操作。图 4–2 所示的主界面为欢迎界面，界面内提供了快速打开项目命令、软件入门指南及相关资源等。除欢迎界面外，软件还可切换项目、文件、报告、编辑器、翻译记忆库等视图。我们将逐一介绍其功能。

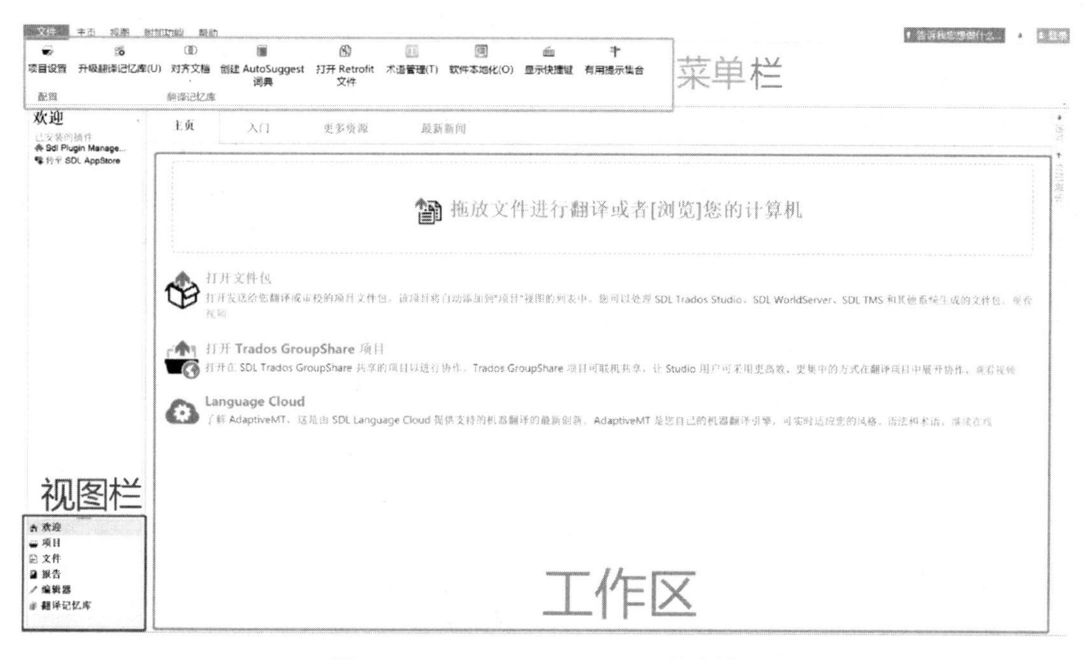

图 4–2　SDL Trados Studio 2019 的主界面

4.2.2 翻译项目工作流程

当前市场上大多数 CAT 软件都是基于“文件夹 / 文件包”的架构，例如“翻译项目”和“项目文件包”。这些软件以“数据资源库”为核心，包含了完整的“原文 + 译文 + 审校 + 质保 + 参考资源”工作流程（适用于译员、审校员等多个用户角色），方便译者随时在“项目”中调用所需的“资源”，如双语或多语平行的“翻译记忆库 / 术语库”等。计算机辅助翻译软件之所以强调“辅助”，是因为它不仅能够管理和控制涉及多人参与的大型翻译项目的全流程，还能够辅助用户有条不紊地进行个人翻译任务，从而显著提高生产力和工作效率。

在 Trados 中，我们可直接创建翻译项目或打开翻译项目；拖放单个文件到软件欢迎界面可以立即创建项目；使用“新建项目”功能按键可以设置更多项目细节；创建项目文件包可以派发项目具体任务并发送给项目参与者；打开项目文件包可以直接执行翻译或审校任务；创建或打开 Trados GroupShare 在线项目可以实现多人在线合作；等等。下文将基于 SLD Trados Studio 2019 详细介绍 Trados 的翻译项目工作流程及基于 Trados 进行翻译审校等。

（1）创建翻译项目

什么是翻译项目？从宏观的项目管理角度来讲，翻译项目包含译前、译中、译后的任务流程，其中涉及客户下单、订单立项、项目分析、计算项目成本、任务派发、翻译 / 审校 / 排版的任务处理、交稿、收集客户反馈等多个模块。（吕东，闫粟丽，2014）大多数译者虽然只能接触到大型项目中的一环，如翻译或审校，但仍然需要了解整个翻译工作的逻辑、工作模式和流程。

无论工作规模大小，所有翻译任务都可概括为前、中、后三个逻辑步骤。对于译者而言，译前准备阶段具有极其重要的意义，包括准备语料库、提取专业术语以及查询相关资料（有些译者习惯在翻译过程中即时查询）。在翻译过程（包括校稿过程）中，译者也需要灵活运用索引和数据，包括但不限于使用词典、搜索引擎、官方文件以及机器翻译等。而翻译工作完成后，译者还需要维护知识资源以及建立语料库等。一个看似简单的翻译文件，往往蕴含了多种必备资源，凝聚了译者的智慧，这一点从图 4–3 所示的翻译流程图中便可以看出。

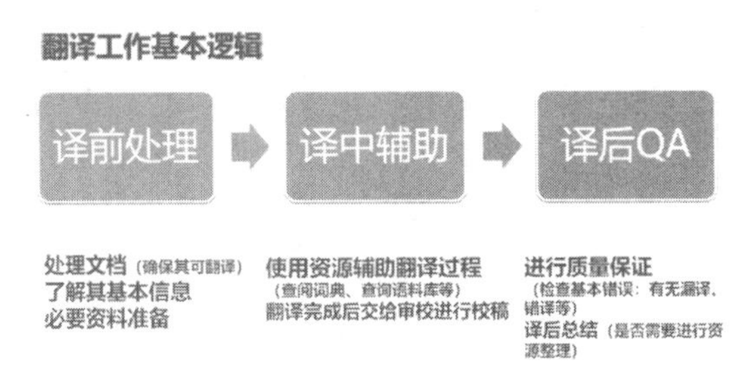

图 4–3　翻译流程图

（2）拖放单个文件进行翻译

在欢迎界面中，我们可以通过拖放文件（如图 4–4 所示）功能（或选择路径中的文件）快速添加单个文件。文件拖放成功后，将弹出如图 4–5 所示的界面，即可快速开始单个文件的翻译项目。

图 4–4　在 SDL Trados Studio 2019 中拖放翻译单个文档

图 4–5 拖拽文件创建新项目时的弹窗

选择“创建新项目”，将弹出创建项目界面，进行项目创建及详细参数设置；选择“翻译为单个文档”，将弹出“翻译记忆库和文档设置”的显示框（如图 4–6 所示），允许用户简要地进行两项功能的设置：原文及译文的语言对及翻译记忆库。因导入单个文档的操作流程与创建项目的流程有重叠，故合并到“新建项目”部分讲解。

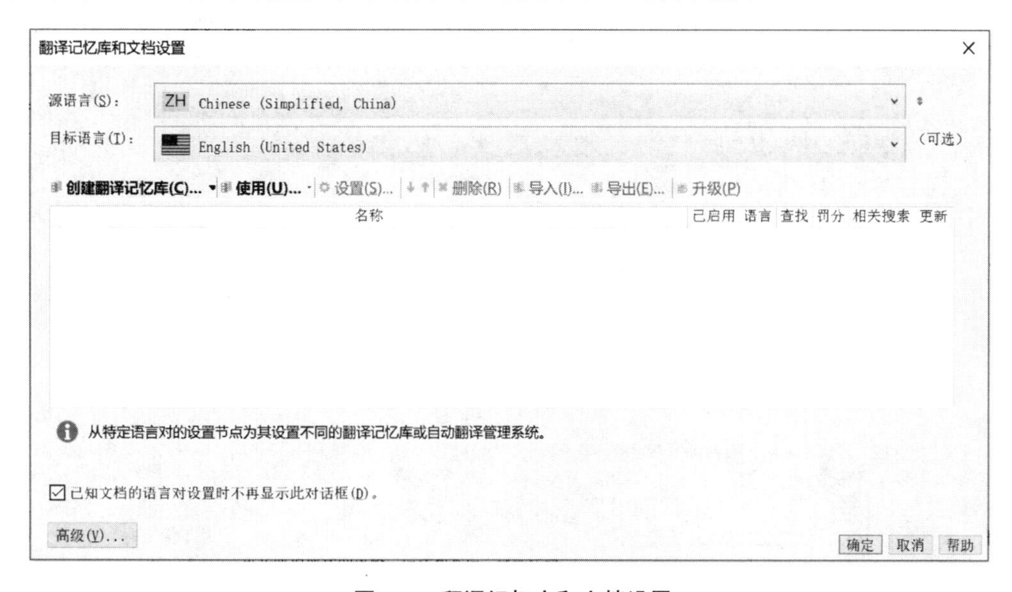

图 4–6 翻译记忆库和文档设置

拖拽单个文件功能适用于日常个人翻译任务，自由译者或者翻译爱好者更需要这种简单、快捷的体验。将文件拖拽至 Trados 欢迎界面后，即可在自动呈现的文件列表中双击打开该文件进行翻译工作。如果导入的是 sdlxliff 或者其他格式的待审校双语文档，可以通过菜单栏主页或使用右键选择翻译、审校、签发等操作（图 4–7）。

图 4–7　使用右键选择翻译、审校、签发等操作

（3）新建项目

在项目视图界面（图 4–8），可通过“新建项目”功能按键开启创建，按项目面板进行详细参数设置。

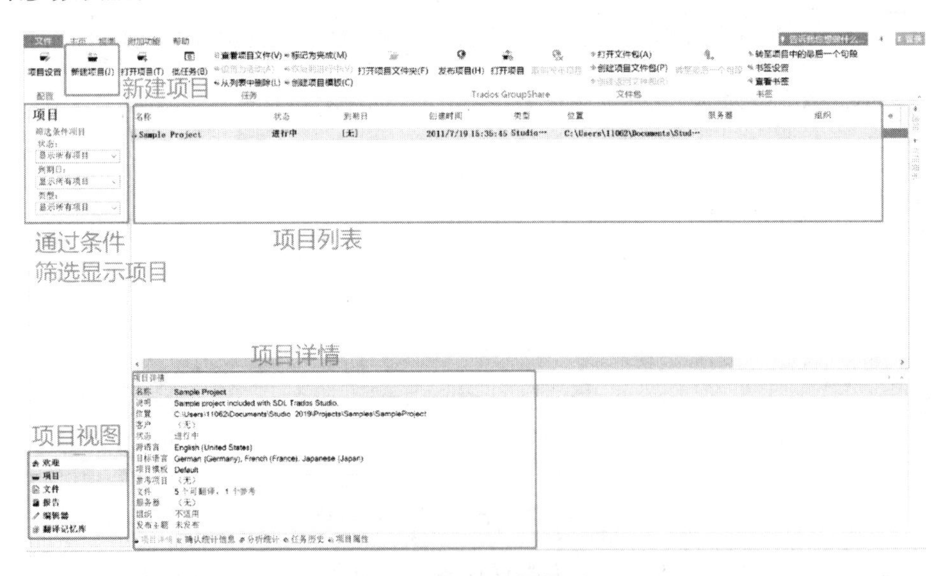

图 4–8　项目视图界面

在一步中，可设置项目所用模板、名称、保存路径、包含文件、项目源语言和目标语言等。图 4–9 所示为 SDL Trados Studio 2019 创建新项目的操作界面。

图 4–9　SDL Trados Studio 2019 创建新项目的操作界面

一个项目可以添加多个目标语言（后续任务分配中，项目经理可以选择将不同的语言分配给不同译员），尤其是本地化项目。创建项目时下拉目标语言菜单可添加多个目标语言（图 4–10）。

图 4–10　创建项目时下拉目标语言菜单可添加多个目标语言

我们可以在一个项目中添加多个文件或文件夹。在设置界面的“项目文件”列表中，我们可以添加、删除、合并文件（同时勾选多个文件即可进行文件合并），也可以创建新文件夹、添加现有文件夹，从而让文件架构更井然有序，也可以随时移除文件夹。设置文件用途时，用户可根据实际情况选择可翻译、可本地化、参考（参考文件不可编辑，只可打开查阅）（如图 4–11 所示）。

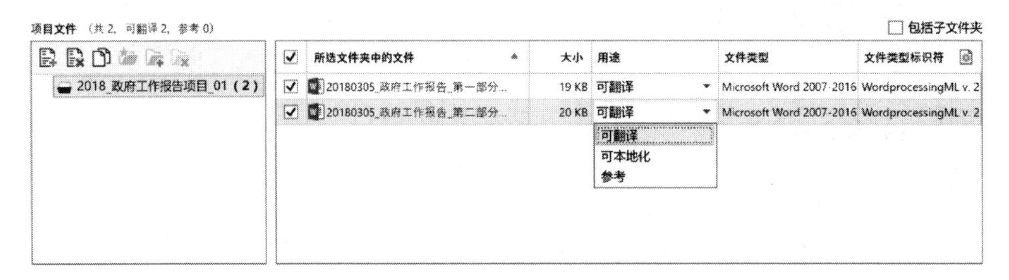

图 4–11　项目文件列表中文件用途的设置

图 4–12 所示为 SDL Trados Studio 2019 支持的文件格式。

图 4–12　SDL Trados Studio 2019 支持的文件格式

在 SDL Trados Studio 2019 中，项目基本属性设置被放入同一个窗口中，相较于 SDL Trados Studio 2017 更加直观。在 SDL Trados Studio 2017 的操作界面中，用户需要通过四个步骤完成项目的基本设置：（1）先选择项目模板（如图 4–13 所示），如果想要自定义项目，选择默认即可；如果本次创建的项目与先前的项目架构类似（比如相同的语言对等），即可选择根据先前项目创建；（2）设置项目详情（图 4–14），指定项目名称、保存路径、用户、到期日等信息，也可以选择发布于服务器端（该步骤为 SDL Trados Studio 2019 的第五步）；（3）设置项目语言，包括源语言及目标语言（图 4–15）；（4）添加项目所需文件（图 4–16）。

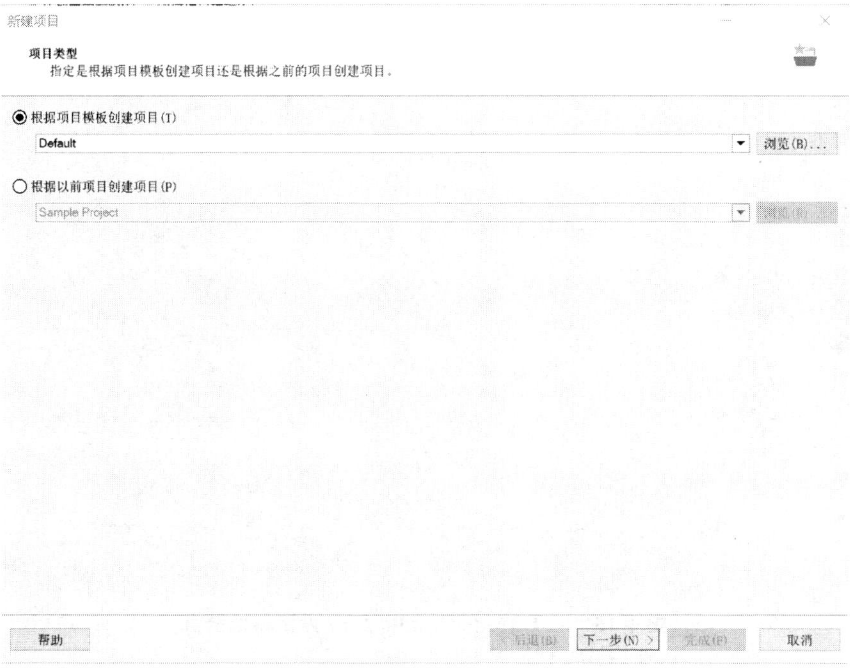

图 4–13　SDL Trados Studio 2017 基于项目模板创建项目

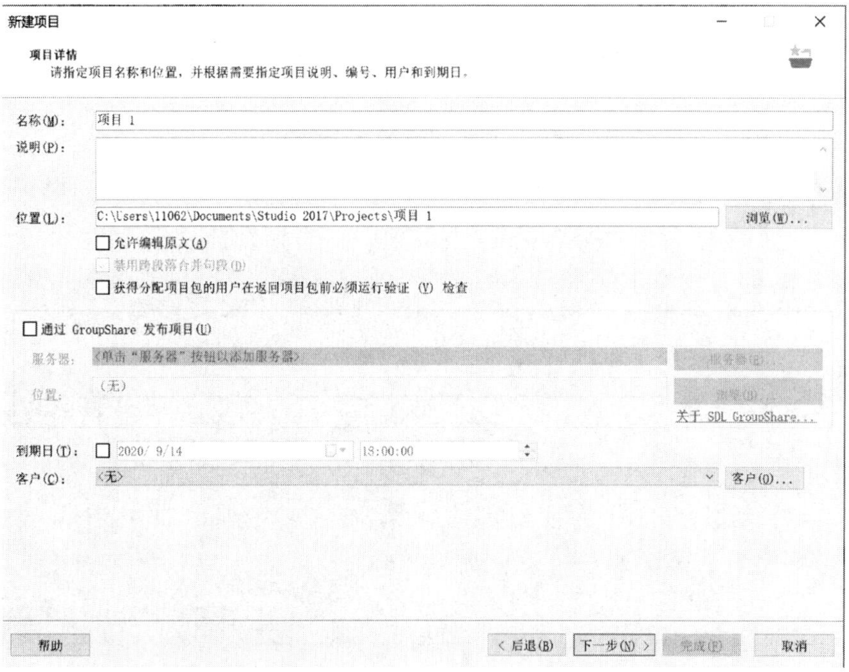

图 4–14　SDL Trados Studio 2017 项目详情设置

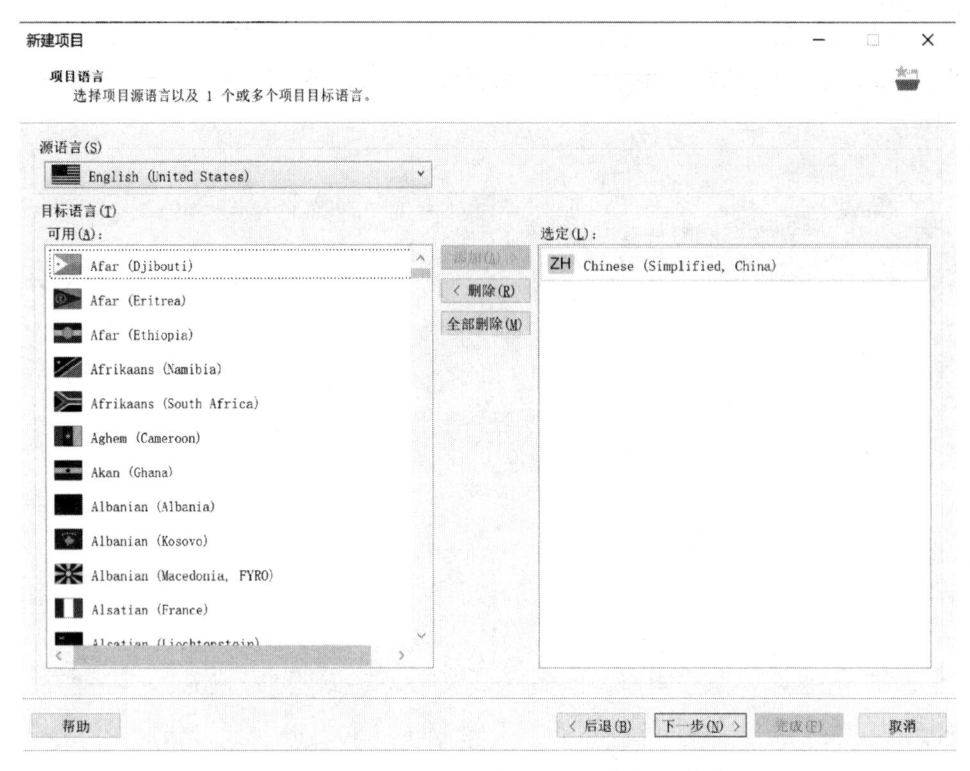

图 4–15　SDL Trados Studio 2017 设置项目语言

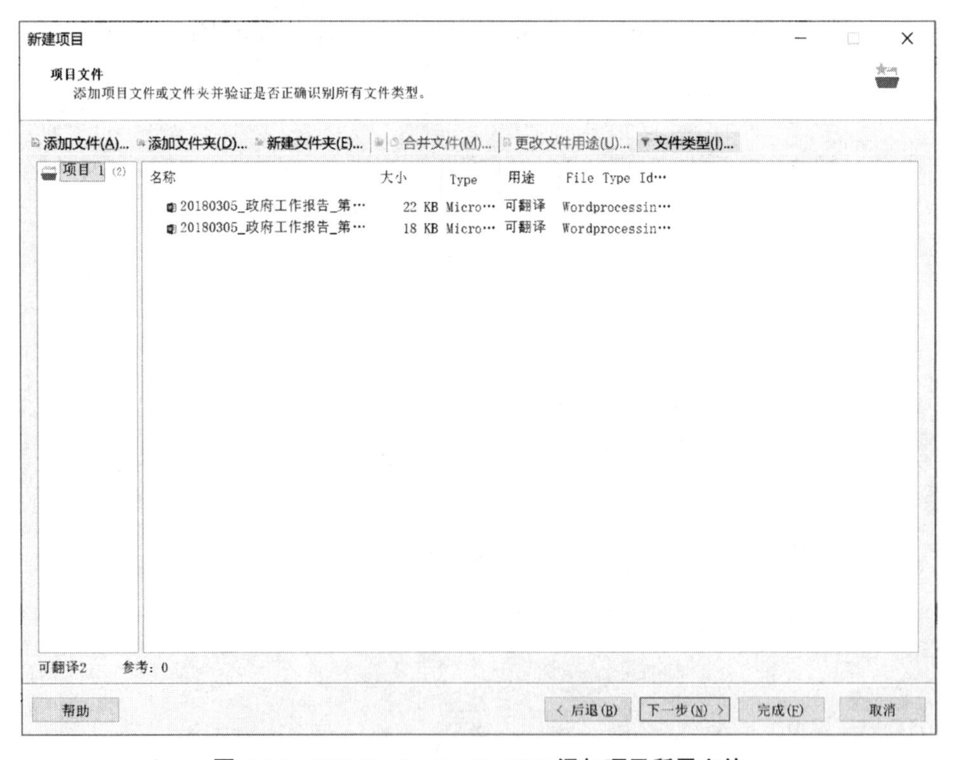

图 4–16　SDL Trados Studio 2017 添加项目所需文件

项目基本属性设置结束后，用户需要规定项目细节。在 SDL Trados Studio 2019 创建新项目的“常规”设置界面（图 4–17），用户通过勾选“允许编辑原文”“允许跨段落合并句段”即可在翻译过程中编辑原文、分割 / 合并软件自动分配好的句段（Segments）。若勾选“为亚洲语言原文使用基于词语的令牌”（“word-based tokenization for Asian source text”），Trados 将以类似处理西方语言（单词之间有空格）的方式识别亚洲语言中的单词，会对字词数统计产生影响；不勾选的话，每个字符将被记作一个词。举个例子，计算“ありがとう Thank you.”这个句子的词数时，不勾选该选项，会统计出 7 个词（每个日语字符被记作一个词，英语则是 2 个词）；如果勾选该选项，只会统计出 3 个词。通常我们不勾选该选项（保持默认设置）。此外，用户还可以设置项目的客户、到期日、验证方式等。

图 4–17　SDL Trados Studio 2019 创建新项目的“常规”设置界面

第三步“翻译资源”与第四步“术语库”（SDL Trados Studio 2017 中也有相同板块）是 Trados 的核心功能，即对翻译记忆库、机器翻译引擎、术语库进行配置。在这两步设置中，用户可以创建空白翻译记忆库 / 术语库，使用本地或服务器翻译记忆库文件 / 术语库文件，使用机器翻译引擎等。翻译记忆库与术语库不仅是译前准备的重要一环，也是 CAT 软件的重要功能，4.2.3 和 4.2.4 两部分会重点讲解它们的高级操作。下文先介绍翻译记忆库的创建及初级使用。

SDL Trados Studio 2017 与 SDL Trados Studio 2019 的翻译记忆库设置是完全相同的，用户可以按照下面三个步骤创建翻译记忆库：

①创建本地 / 服务器翻译记忆库

在创建新项目–翻译资源界面（图 4–18），点击“创建”（或在箭头下拉框中选择“创建翻译记忆库”），可看到如图 4–19 所示的弹窗。在“创建自”一栏可选择本地已有的翻译记忆库，基于该翻译记忆库创建新的 TM；如果要创建空白翻译记忆库，通常保持该项的默认设置即可。名称、说明、版权三项中，除名称是必填项外，说明、版权可根据个人需求填写或忽略。可通过“位置”对翻译记忆库存储的路径进行设置。用户无须更改翻译记忆库的源语言及目标语言，它们会基于项目信息进行自动匹配。其他设置均保存默认即可。

图 4–18　SDL Trados Studio 2019 创建新项目–翻译资源界面

下一步中，字段和设置项通常保持默认配置，用户也可以添加自定义字段，便于翻译记忆库识别——所谓“识别”，是指 Trados 会根据内部已有的数据库，识别日期、数字、时间等具有某些语境下通用翻译的字段，并根据该目的语境进行自动翻译。而添加自定义字段，就是在该基础上作补充（通常不需要额外添加）。用户可以勾选想要 Trados 自动识别的内容（通常保持默认的全部勾选），也可以更改将某字段记为一个单词的条件（通常保持默认）。

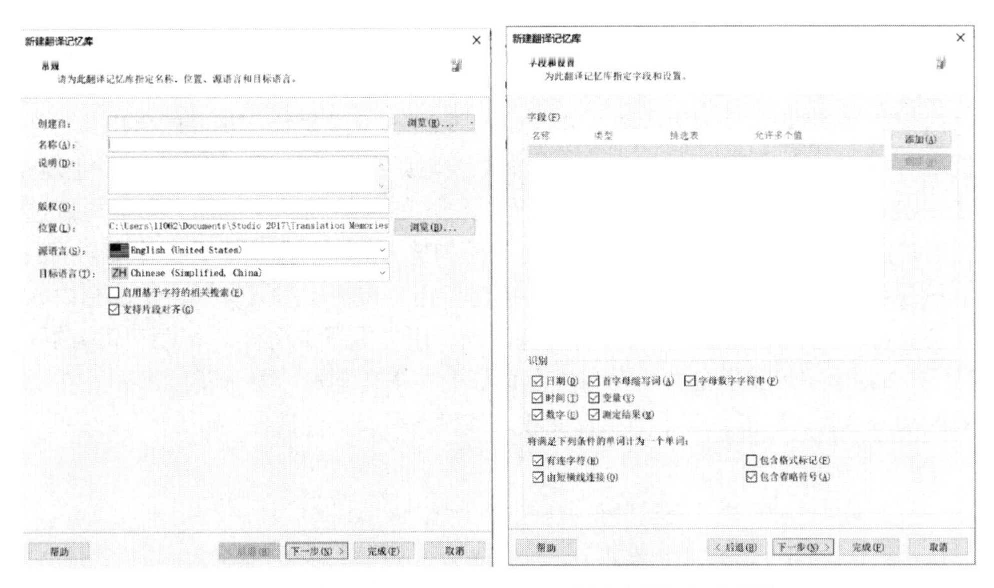

图 4–19 SDL Trados Studio 2019 新建翻译记忆库弹窗

在 SDL Trados Studio 2019 新建翻译记忆库语言资源设置界面（图 4–20），用户可以导入、编辑语言资源，但通常保持默认。这项设置承接上一步中的“识别”功能，主要帮助 CAT 软件检测出带有一定属性的元素。比如缩写列表中，可以添加 / 编辑想要 Trados 识别的缩写，这样在文本中可以进行下划线标注，便于用户在翻译时留意。如果需要，用户也可以编辑“断句规则”。断句规则是指 Trados 将导入的待译文本自动断句遵循的规则，在默认设置中，句号、冒号、问号、感叹号后会自动断句。如果用户有特殊需求，可以添加新的规则或编辑现有规则。

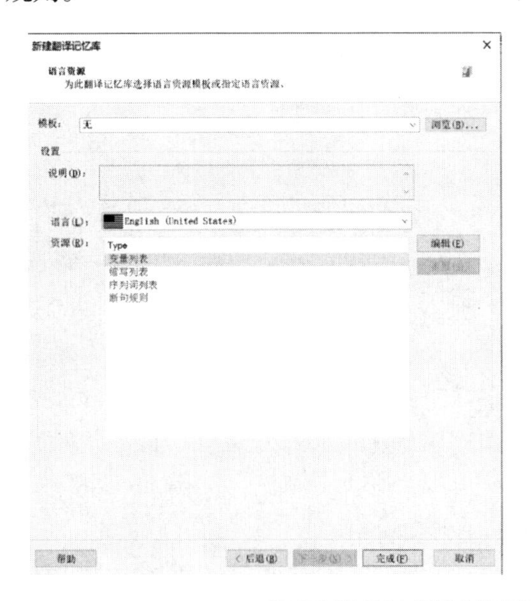

图 4–20 SDL Trados Studio 2019 新建翻译记忆库语言资源设置界面

翻译记忆库的创建非常简单，必要的步骤只包括输入名称和更改保存路径，尽管如此，身为译者，我们尽量要做到对每一步功能都知其然、知其所以然，这样才能更胸有成竹地使用 CAT 技术，知道哪些设置能够为自己所用。

翻译记忆库创建好后，会呈现在窗口处，自动勾选“已启用”“查找”“相关搜索”“更新”这四个选项，如图 4–21 所示的 SDL Trados Studio 2019 翻译记忆库的启用与更新。一般情况下，用户创建的所有翻译记忆库，每次创建项目时都会在该界面列出。也就是说，随着使用次数增多，用户可能会在该界面看到很多待选的翻译记忆库。虽然可以选择删除，但通常情况下用户会通过勾选“启用”或不勾选“启用”来决定是否使用某一翻译记忆库。而是否勾选“查找”“相关搜索”则决定了用户在使用搜索翻译记忆库中内容的功能时，是否可以搜索到该库中的内容（有些时候，用户不需要检索某个记忆库中的内容）。“更新”选项则决定了我们是否将项目中翻译好的文本自动写入翻译记忆库中。在翻译记忆库只用来借鉴的情况下，若不想将译文收入该库，可以不勾选。

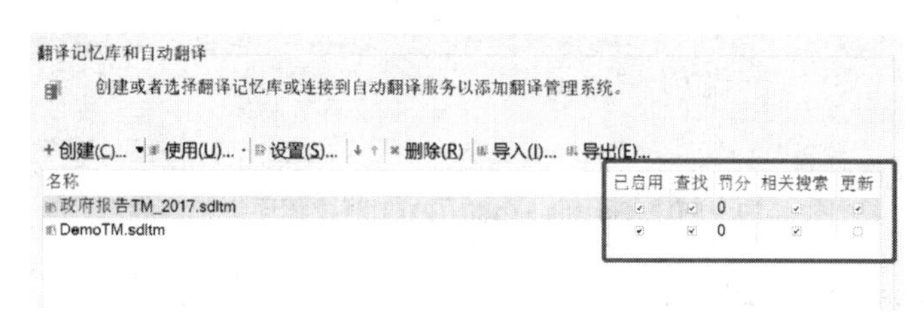

图 4–21　SDL Trados Studio 2019 翻译记忆库的启用与更新

创建服务器翻译记忆库与创建本地记忆库的步骤大同小异，只是前者多了一步：添加服务器地址，选定服务器中用来存储翻译记忆库的路径，即图 4–22 SDL Trados Studio 2019 新建服务器翻译记忆库界面中所示的“容器”。

新建服务器翻译记忆库

常规
指定此翻译记忆库的名称和服务器详情。

创建自(A)：　浏览(B)...
名称(N)：
说明(D)：
版权(C)：
服务器(S)：　服务器...
位置(L)：（无）
容器(T)：（无）
启用基于字符的相关搜索(H)

帮助　后退(B)　下一步(N)＞　完成(F)　取消

图 4–22　SDL Trados Studio 2019 新建服务器翻译记忆库界面

②使用本地文件 / 服务器翻译记忆库

如果有现成的可供使用的翻译记忆库，可以点击图 4–21 中的“使用”弹出图 4–23 所示的弹窗，在对应路径中查找自己需要的翻译记忆库并将其添加至列表即可。

图 4–23　在 SDL Trados Studio 2019 中点击“使用”后的弹窗

③使用机器翻译

市面上可用的机器翻译引擎有很多，比如百度、有道、谷歌等等。但在 CAT 软件中调用机器翻译引擎需要安装插件，并借助 API 技术（Application Programming Interface，应用程序编程接口，简称 API）。API 技术是一些预先定义的函数，目的是提供应用程序与开发人员基于某软件或硬件得以访问一组例程的能力，而又无须访问源码，或理解内部工作机制的细节。在网页上使用机器翻译是免费的，但在软件内使用机器翻译需要额外购买服务。有些机器翻译插件的商家会赠送免费字符使用数量，但市面上几乎所有的机器翻译插件都是需要付费的。如果已经购买相关服务（以谷歌翻译举例），用户可以在弹窗中输入购买服务后账号内所示的 API 密钥，即可使用机器翻译（如图 4–24 所示）。

除谷歌外，我们还可以根据需求，安装、使用其他机器翻译引擎插件。在 4.2.5 部分，我们会进一步介绍如何使用机器翻译提高生产力。

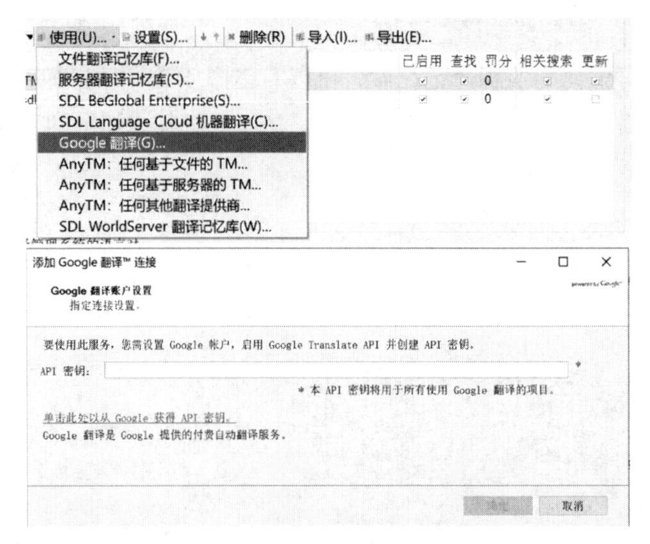

图 4–24 在 SDL Trados Studio 2019 中添加 Google Translate API

SDL Trados Studio 2019 配有独立的术语库软件 Multiterm，使用该软件可以进行术语库创建、设置（图 4–25）等操作。在创建项目过程中进行的术语库创建与在 Multiterm 中进行的术语库创建过程完全相同。

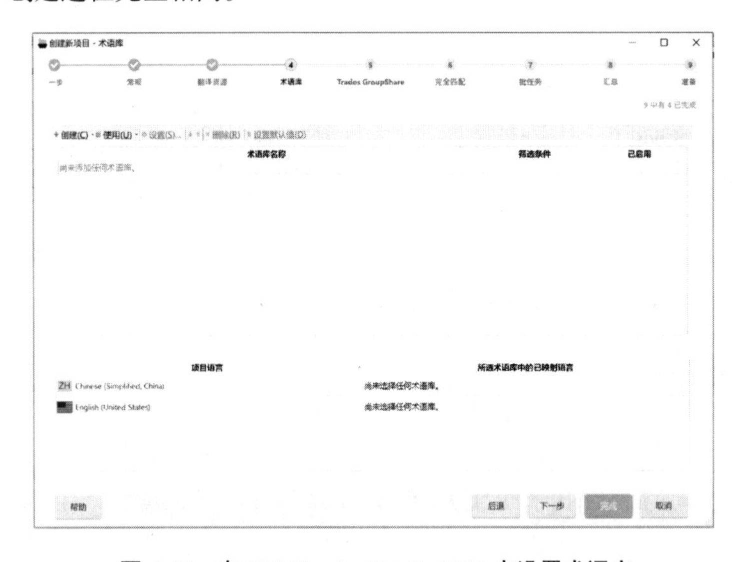

图 4–25 在 SDL Trados Studio 2019 中设置术语库

（4）翻译项目中的术语库

①创建空白本地术语库

与普通术语表不同，CAT 软件中使用的术语库支持更复杂的文件结构。比如在使用时，用户可以设置术语库的语言对为双语或多语，并规定术语库中词汇的属性（可以给词汇配置定义、上下文、例句、图片解释等）。创建术语库时，第一步是设置“术语库定义”，如果需要创建双语术语库，通常直接使用预定术语库模板中的“双语词汇表”（图 4–26），接着创建术语库名称及说明（图 4–27），然后选择术语库中出现的语言（图 4–28）。

术语库向导 - 步骤 1 / 5

术语库定义

指明是否需要使用某预定术语库模板创建术语库定义、载入现有术语库定义或重新创建新术语库定义。

重新创建新术语库定义(C)

使用预定术语库模板(U) 选择一个双语模板

双语词汇表

载入现有术语库定义文件(L)

浏览(R)...

将现有术语库用作模板(T)

浏览(O)...

〈上一步(B) 下一步(N)〉 取消 帮助

图 4–26 创建术语库定义时使用预定术语库模板中的“双语词汇表”

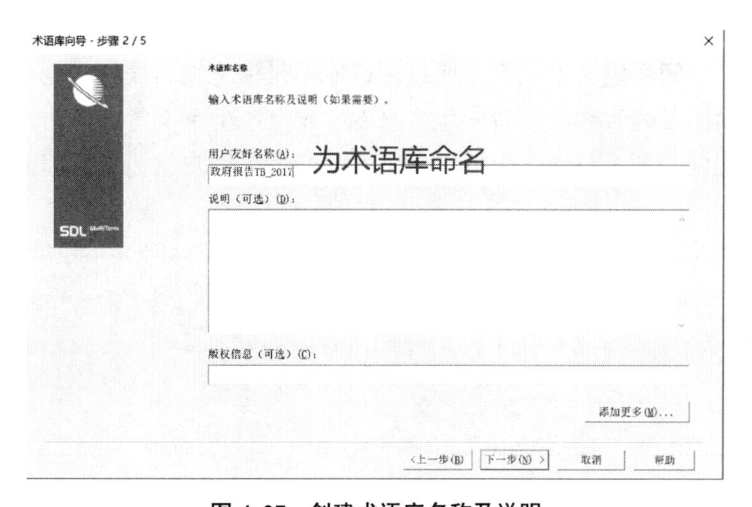

图 4–27 创建术语库名称及说明

术语库向导 - 步骤 3 / 5

索引字段

选择术语库要包含的语言。接受每种语言的默认索引字段标签或按照自己的要求进行自定义。

语言(L)： Chinese

显示子语言(S) 在下拉框中选择自己需要的语言

添加(A)>> 添加左侧的语言至右侧

删除(R) 选择右侧的语言删除

选择索引字段(X)：

EN English

ZH Chinese

排序

区分大小写(C)

忽略非字母字符(I)

索引字段标签(F)：

〈上一步(B) 下一步(N)〉 取消 帮助

图 4–28 创建术语库时添加术语库语言

在术语库创建过程中，用户还可以设置说明性字段（图 4–29–1），即前文提到的术语库中词汇的属性。说明性字段即为某术语或该条目的“属性”，从字面上看，即为对术语内容的“说明、描述”。术语库与传统词典一样，多以词为单位，但与之不同的是，用户可以给每个词添加多种文本描述，如学科、来源、定义、上下文等，还可以添加批注，甚至还能附加上多媒体文件（如音频、图片、视频）等。所以相较于词典术语库更加多元。对于每一种说明性字段，用户可以进行更进一步的数据属性设置，比如可以设置术语的“定义”是“文本”（即以文字的形式对术语下定义），附加文件是多媒体文件，也可以选择挑选表、布尔，等等（如图 4–29–2 所示的内容）。挑选表的意思是预设几个备选项，再在术语库中使用备选项为术语添加描述；如果大家了解 Excel 的一些基础功能，应该对挑选表很熟悉。比如在医学术语库中，可以新建一个“研究领域”的说明性条目，将其定义为挑选表，预设出“临床”“法医”“检验”“预防”“保健”等多个选项，在术语库中，就可以通过预设好的挑选表，轻松定义术语所属的研究领域。了解计算机语言的同学们应该知道，布尔是“Boolean expression”，即为 True/False 的是否选择。这些属性设置为我们提供了更大的空间去定义术语库，所以术语库不仅带有词典属性，也可以被塑造成百科全书。说明性字段通常默认设置中包含来源、定义、上下文等，即用户可以在术语库中标注某个词汇的来源、定义、上下文等，基本能满足用户的需求，因此保持默认设置即可。

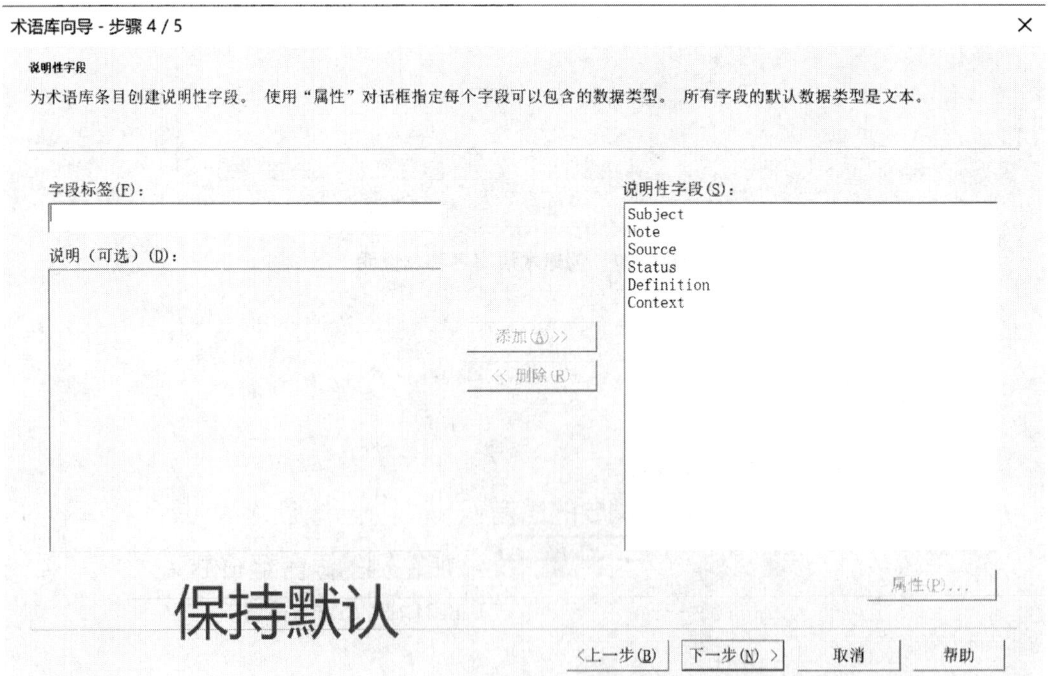

术语库向导 - 步骤 4 / 5

说明性字段

为术语库条目创建说明性字段。 使用“属性”对话框指定每个字段可以包含的数据类型。 所有字段的默认数据类型是文本。

字段标签(F)：

说明（可选）(D)：

添加(A) >>

<< 删除(R)

说明性字段(S)：

Subject
Note
Source
Status
Definition
Context

属性(P)...

保持默认

<上一步(B)　下一步(N) >　取消　帮助

图 4–29–1　创建术语库时设置说明性字段

图 4–29–2　每条说明性字段都可以定义具体的数据类型

除了定义说明性字段，用户也可以设置说明性字段的结构（图 4–30），通常此处设置保持默认即可。在说明性字段的建构设置中，涉及到三个概念：Entry、Index 和 Term。Entry 指一个术语词条（包含多个语言），Index（索引字段，即搜索的媒介 Language）指一个术语词条中的多种语言，Term 则是某个语言下的具体术语。有同学可能会有困惑，何必构建三层术语结构呢？其实这种架构是为了给术语库更大的延展性。比如某些术语在同一个语言下可能有多种变体。WHO 有时使用全拼 World Health Organization，同理，世界卫生组织也会被简称为世卫组织；但其实它们都属于同一个 Entry（一个概念、一个词条），用户没必要为相同的概念创建不同的词条，所以在这个 Entry 下，英语 Index 中可以包含 WHO、World Health Organization 两个 Terms，甚至更多，中文 Index 中可以包含世卫组织、世界卫生组织两个 Terms，甚至更多，这样就形成了比较方便管理的树状结构了。所以用户对于术语的说明字段定义可以非常灵活：针对 Entry、Index、Term 三层架构，可以分别进行属性说明。

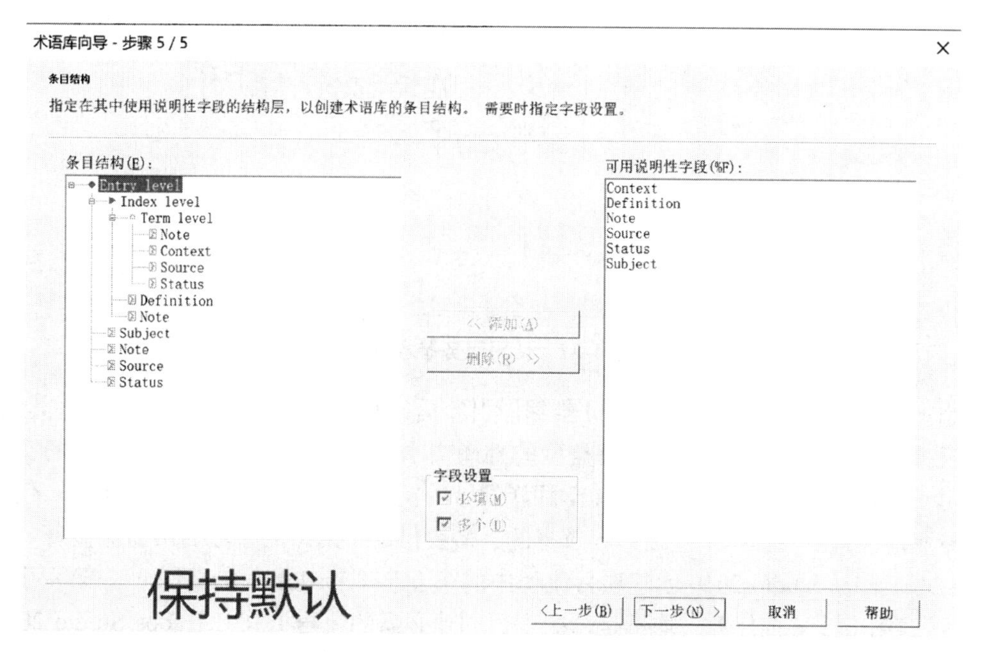

图 4–30　创建术语库时设置说明性字段的结构

②使用本地术语库 / 服务器术语库

除了创建空白术语库，用户也可以直接调用本地或服务器上已有的术语库。在术语库界面，选择“使用”，可选择使用本地术语库（图 4–31）或使用服务器术语库（图 4–32）。

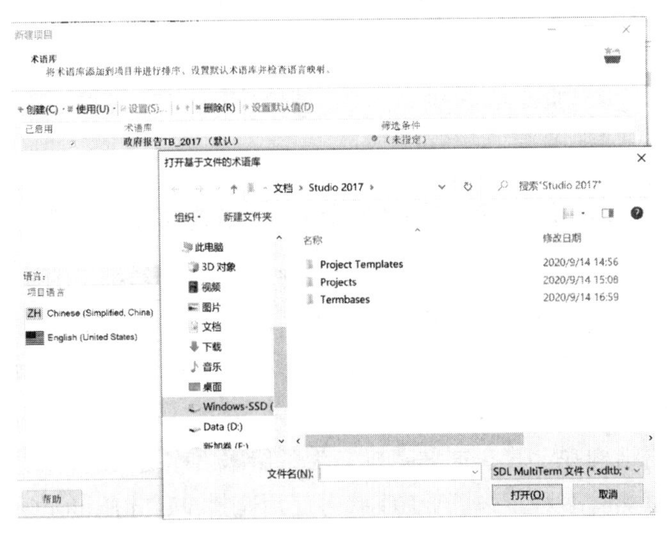

图 4–31　使用本地术语库

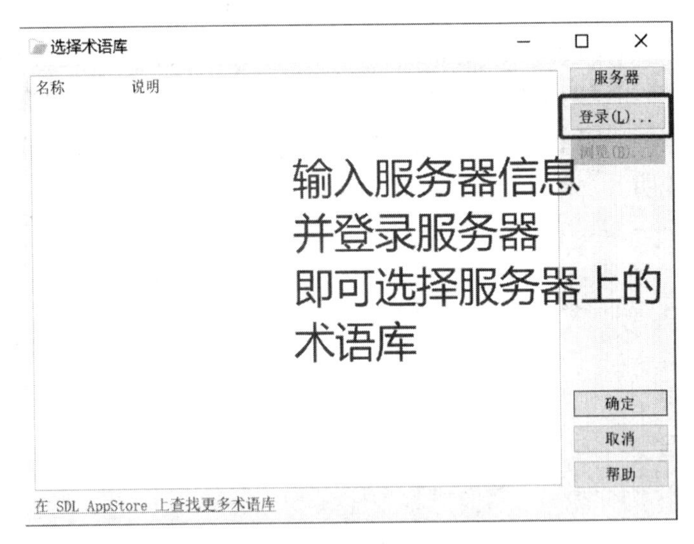

图 4–32　使用服务器术语库

添加好翻译记忆库、术语库和机器翻译引擎后，Trados 可以最大程度地发挥其优势。前文已提到过，“数据”并非对所有类型的翻译文本受用，创造性与文学性更强的文本本质上对于背景知识的依赖性不及非文学翻译领域的文本。CAT 软件对法律、医疗、信息技术等专业性极强的、文本中重复内容较多的、需要借助术语库的领域的帮助更显著。

SDL Trados Studio 2019 创建项目流程中的第五步“Trados GroupShare”、第六步“完全匹配”、第七步“批任务”均不是每次项目创建必需的流程（SDL Trados Studio 2017 也有相同的功能设置）。GroupShare 是 Trados 服务器，输入服务器地址及账户信息即可登录，获取服务器上的项目信息或分配给该账户的项目。关于 GroupShare 的详细描述可查阅下文（6）Trados GroupShare 在线项目。

批任务（Batch Tasks）是可针对项目执行的个性化任务，比如常用的“预翻译”功能，可以在翻译前自动填入记忆库、术语库中已有的内容或机器翻译，大大提高翻译效率（图 4–33–1、图 4–33–2）。“完全匹配”也是批任务之一，用户主要在翻译项目进行到一半时原文发生内容变更的情境下使用该功能。用户在翻译某个本文的过程中被告知本文中某些内容需要作出更改，可以使用“完全匹配”。在项目中导入新的原文，自动识别哪个句段保持原样 / 作出更改，从而保留已翻译且无须改动的内容，仅翻译修改的内容（如图 4–34 所示）。

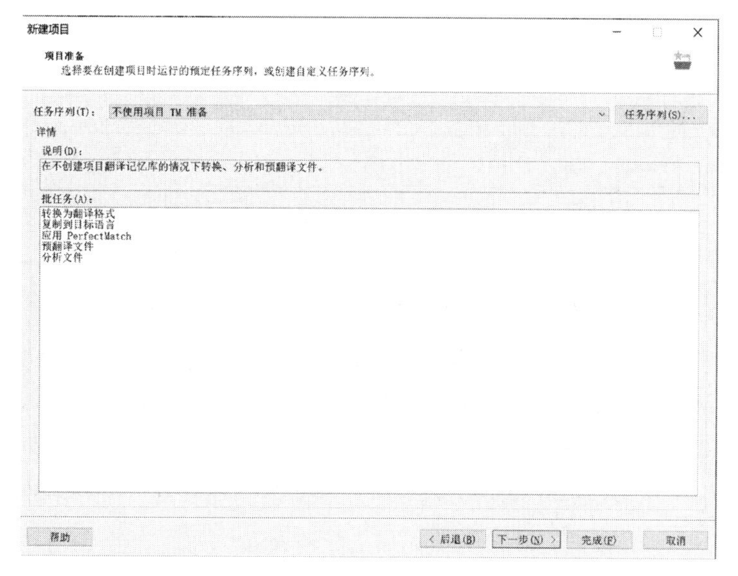

图 4–33–1　SDL Trados Studio 2019 批任务设置

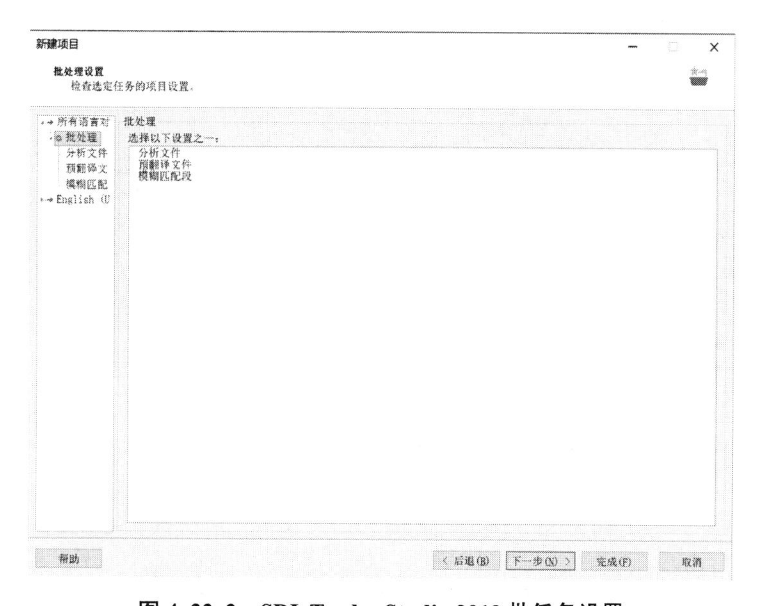

图 4–33–2　SDL Trados Studio 2019 批任务设置

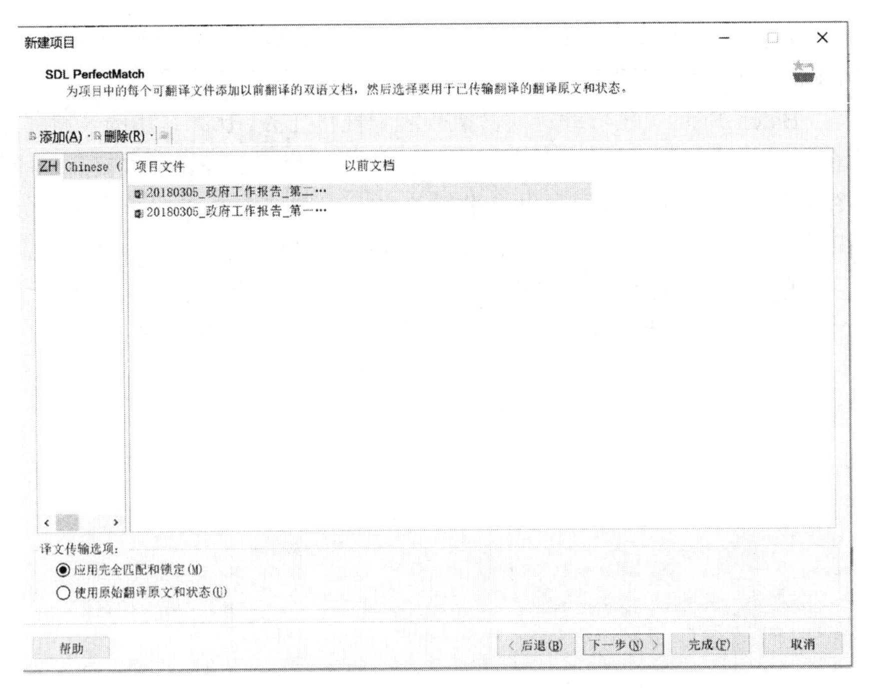

图 4–34　SDL Trados Studio 2019 完全匹配设置界面

项目创建好后，用户可以在汇总界面再次查看项目具体信息。如果发现某个步骤出错，可通过点击编号快速转回至该界面作出更改（SDL Trados Studio 2019 可进行此操作，如图 4–35 所示，SDL Trados Studio 2017 需要点击“上一步”逐个查阅，如图 4–36 所示）。做好所有设置后，翻译项目创建就完成了。图 4–37 所示为 SDL Trados Studio 2019 项目准备就绪界面。

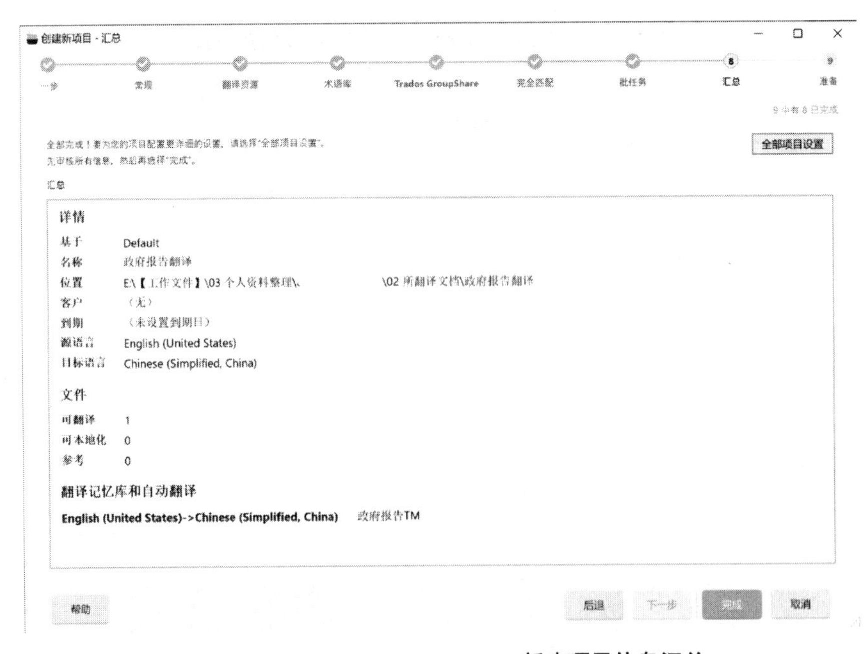

图 4–35　SDL Trados Studio 2019 新建项目信息汇总

图 4–36　SDL Trados Studio 2017 新建项目信息汇总

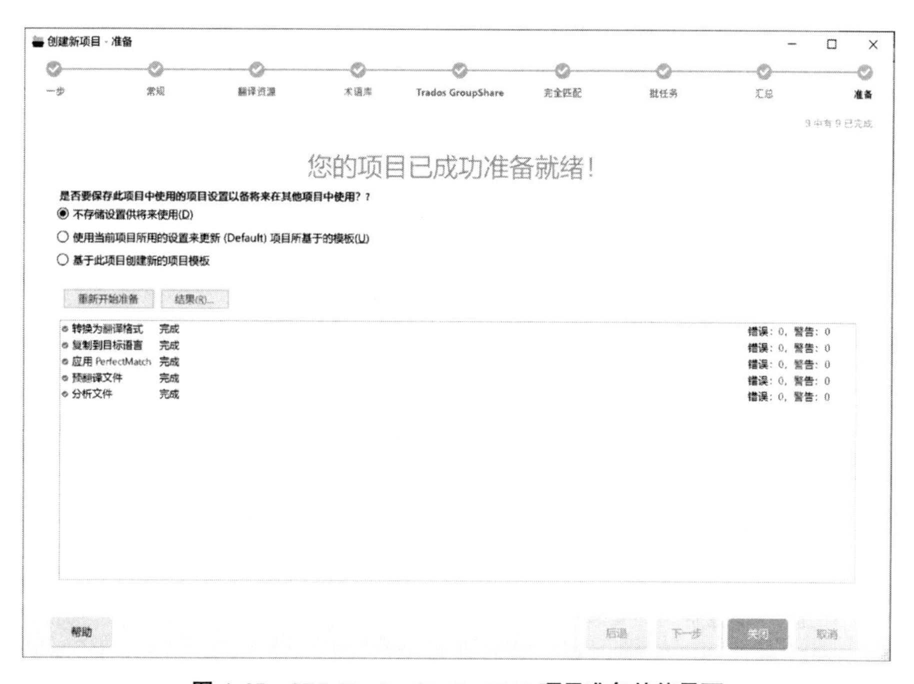

图 4–37　SDL Trados Studio 2019 项目准备就绪界面

大多数情况下，创建翻译项目是翻译项目经理和执行个人项目的自由译者需要进行的操作。作为某个项目中的译者，除了了解翻译项目创建的基本流程外，也需要了解翻译项目文件包、翻译服务器的使用方式，从而更从容地应对多元化的工作模式。下文将继续介绍文件包、在线项目等协作模式。

（5）文件包派发、打开项目文件包

一个翻译项目可能会非常庞大，正如市场上大多数的本地化项目，包含多种目的语言、数个待译文件。创建项目文件包（图 4–38），更便于翻译项目经理将具体的任务派发给相关译员。

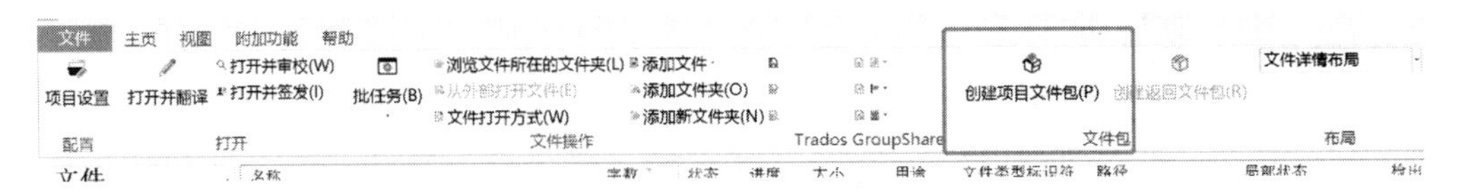

图 4–38　SDL Trados Studio 2019 创建项目文件包

在创建项目文件包的“选择文件”页面（图 4–39），项目经理可以选中一个或多个文件，创建项目文件包。在多语种的项目中，也可以给单一文件创建多个不同语种的文件包，便于派发。

图 4–39　SDL Trados Studio 2019 创建项目文件包的“选择文件”页面

在项目文件包任务分配设置页面（图 4–40），可添加用户（包括其名称及邮箱等），并在选择框中将所需任务分配给该用户，任务类型可选择翻译或审校。同时，可以对任务的到期日进行设置，以掌控项目进度。

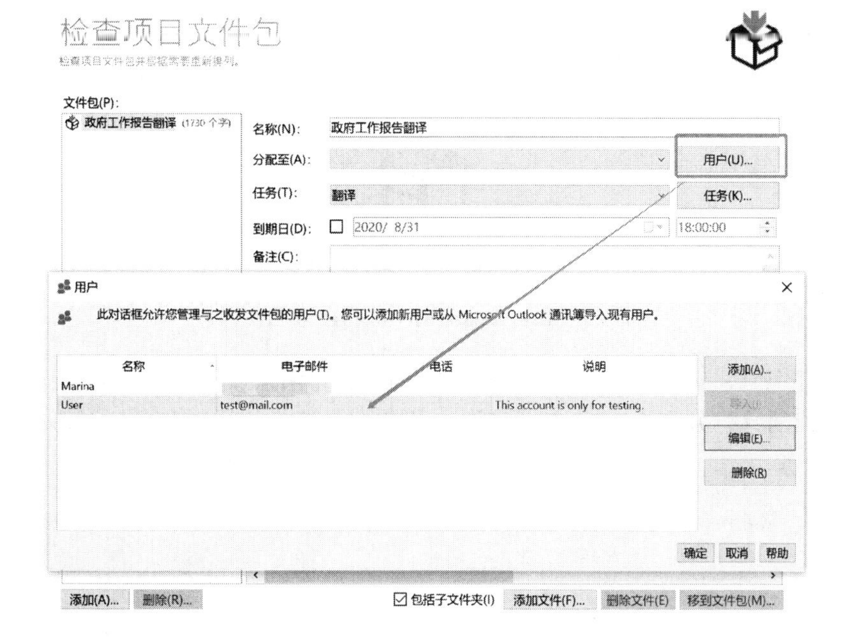

图 4–40　SDL Trados Studio 2019 项目文件包任务分配设置页面

基本设置完成后，项目经理可以在其他选项中进行项目翻译记忆库、自动翻译、字数统计报告、文件资源、返回验证等功能的设置（如图 4–41 所示）。已有翻译记忆库、术语库等的使用权限通常需要根据项目的具体需求进行设置。

图 4–41　SDL Trados Studio 2019 项目文件包其他选项设置

译者在邮箱中接收到项目文件包（如图 4–42 所示）时，可以保存该 sdlppx 文件，直接双击打开（需要本地电脑安装了 SDL Trados Studio 2019），签收任务。

图 4–42　SDL Trados Studio 2019 项目文件包

打开文件包时，软件将自动弹窗展示文件包的具体信息（图 4–43），包括项目名称、任务类型、到期日、分配人、文件字数等。点击“完成”，即可将文件包导入，开始进行翻译 / 审校任务。

图 4–43　打开 SDL Trados Studio 2019 项目文件包时的弹窗信息

译者在翻译过程中可以随时查阅翻译进度（图 4–44）。

图 4–44　查看 SDL Trados Studio 2019 项目文件包翻译进度

翻译完成后，译者需要创建返回文件包，类似于上文所述的创建派发文件包的流程。选中文件，通过菜单栏中的“创建返回文件包”或右键单击选择“创建返回文件包”进行相关操作，图 4–45 为 SDL Trados Studio 2019 创建返回文件包页面。

图 4–45　SDL Trados Studio 2019 创建返回文件包页面

创建返回文件包的第二步操作需要译者先验证自己翻译的内容（图 4–46），即 QA（质保）验证。该验证并非检验翻译的文本内容与质量，而是检验如原译文数字不相同、漏译等机器可核验错误（machine-detectable errors）。若在翻译文本中发现这类问题，译者可进行更改，更改后将返回文件包保存在本地留存；译者也可以在软件内部直接选择通过电子邮件发送返回文件包，提高办公效率。

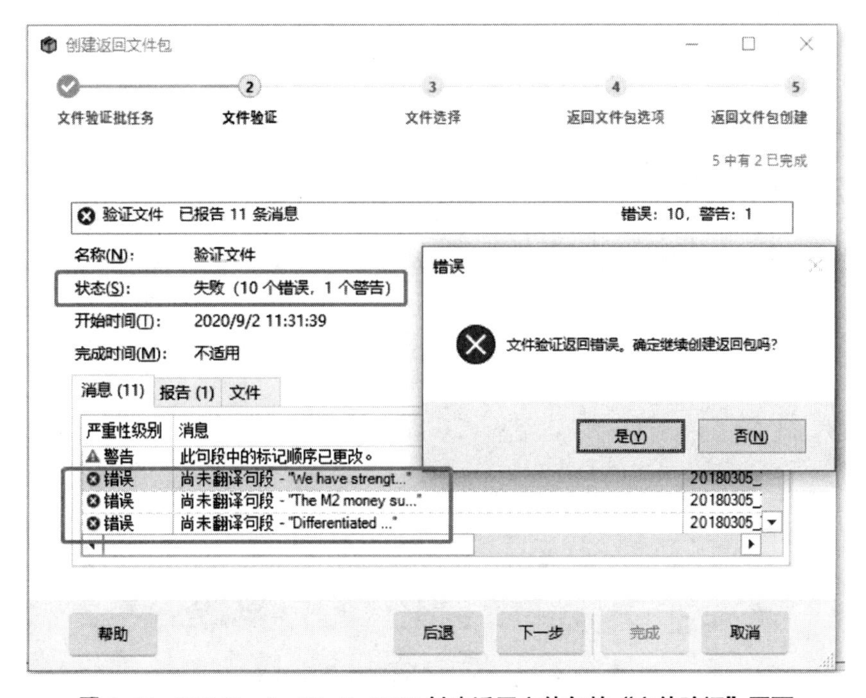

图 4–46　SDL Trados Studio 2019 创建返回文件包的“文件验证”页面

创建返回文件包的第三步是文件选择（图 4–47），译者要选择所需打包的文档。

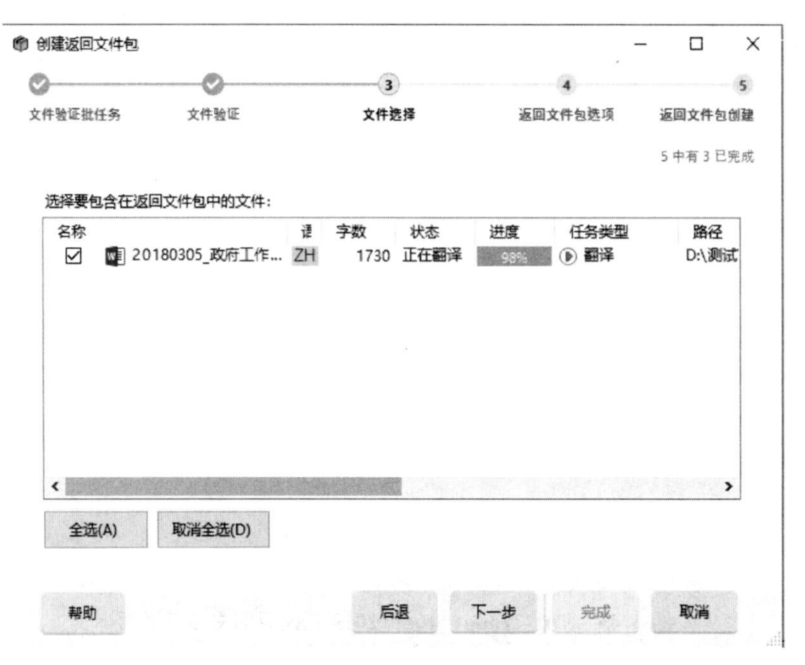

图 4–47　SDL Trados Studio 2019 创建返回文件包的“文件选择”页面

在译者确定需要打包的文档之后，点击“下一步”按钮，将跳转至创建返回文件包的选项界面。通过指定返回文件包的保存路径，我们可以将其保存至本地作为备件（图 4–48）。

图 4–48　在本地保存返回文件包备份

最后，点击“完成”按钮，即可成功创建返回文件包（图 4–49）。

图 4–49　完成创建返回文件包

当译者将文件包返回至项目经理处，项目经理双击打开文件包，即可看到如图 4–50 所示的界面。

图 4–50　翻译项目经理双击返回文件包后显示的界面

在翻译项目经理的项目概览界面，已发送的任务将自动标记为已完成状态（如图 4–51 所示）。

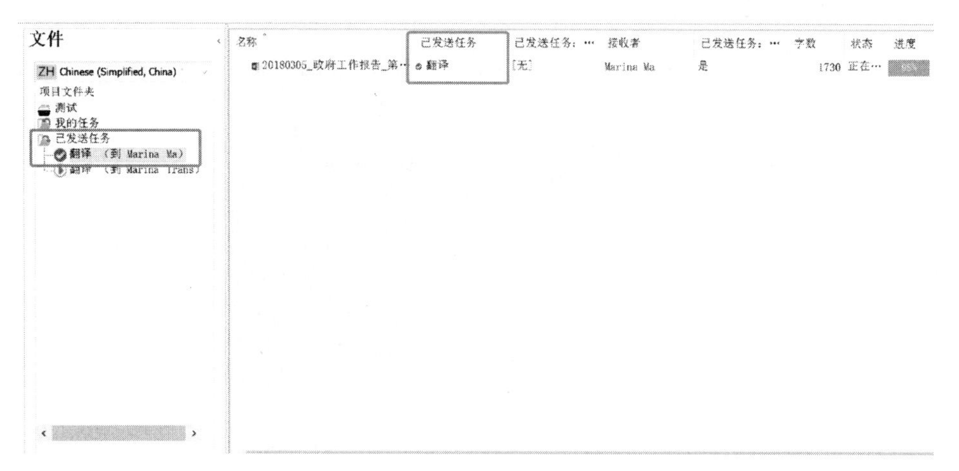

图 4–51　项目概览界面自动标记已发送的任务

项目经理可直接打开返回的文件，进行审校、签发，或在项目界面重复上述操作，对已完成翻译任务的文件进行打包派发（将任务派发给审校译员等），以推进之后的审校流程。图 4–52 为翻译项目经理验收并签发译者返回的文件的界面。

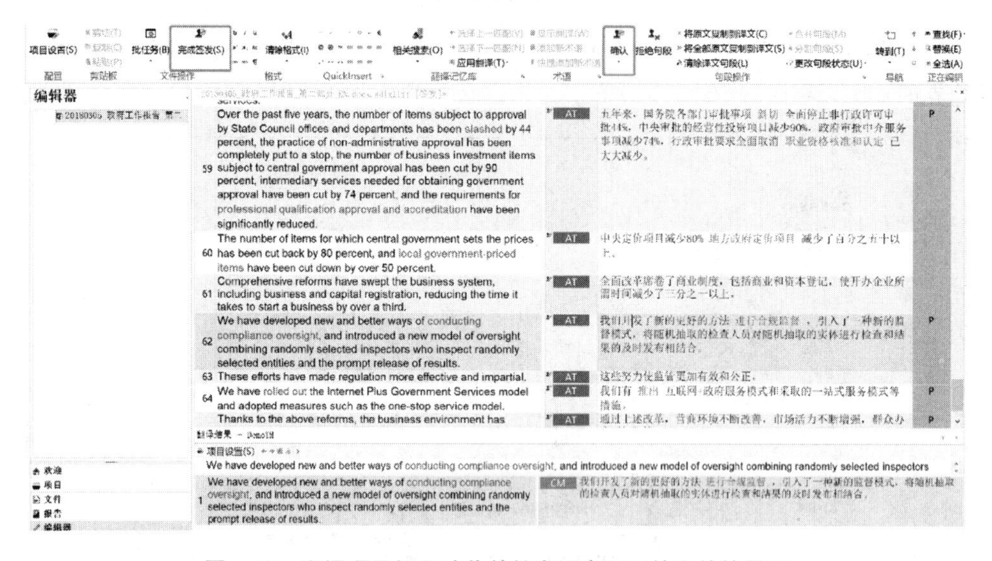

图 4–52　翻译项目经理验收并签发译者返回的文件的界面

Trados 的项目文件包工作流程虽然是较传统的翻译项目实施方式，但能灵活应对如网络崩溃等突发情况，类似于日常使用的 Word 文档：在工作坊 / 翻译项目中，用户通常将翻译好的稿件以 Word 文档的形式发送给审校、项目经理，进行翻译内容交互。这种方式虽烦琐，但普适性强，正如同安装了 Office 就可以打开文档，安装了 Trados 就可以打开文件包；不依赖网络进行本地工作，无须过多考虑网页端网络不稳定等问题。所以我们认为 CAT 软件与文本处理办公软件的本质是相同的，只是 CAT 软件可以提供更多便于译者工作的功能。

传统的本地工作方式自有其优势，但基于网络的工作模式（在网络稳定的前提下）必定具有更强的即时性与便捷性。下文将详细介绍基于 Trados 服务器端的翻译项目流程。

（6）Trados GroupShare 在线项目

2020 年上半年，受新冠疫情的影响，全国各高校无法正常开展线下教学，被迫转为纯线上教学模式。到了 2020 年下半年，部分高校采取限流分批返校政策，线下与线上授课学习同步推行。从最初的艰难推进，到后续形成的“新常态”，信息时代所创造的“云教学”存在巨大的潜在价值，其灵活性与多样化为日后的教学提供了更多可能。

“服务器”工作模式给翻译工作人员提供平台 / 媒介，允许他们集中进行初译、一审和二审等流程中的文件交互。对于熟悉翻译各环节的用户来讲，GroupShare 的逻辑与实施方式和传统翻译工作流程完全相同。译者需要用客户 / 中间商提供的账号登录服务器，以接收并完成项目经理发布在服务器上的稿件；整个过程中，项目经理可以在线跟进翻译进度。自 GroupShare 问世以来，翻译公司所购买的 GroupShare 服务大部分都部署于私有服务器（仅限内部使用或带有部分开放权限），但在“云”时代的大势所趋下，2020 年 8 月，Trados 正式推出全面云端化的解决方案 Trados Live，用户可以直接访问 Trados 语言云服务器，使用自己的“云盘”随时随地工作。下面将重点介绍基于 Trados 服务器 GroupShare 的工作流程，并简要介绍 Live 版本的部分功能特性。

（7）项目经理或系统管理员创建、管理服务器翻译项目

①添加项目人员

用户可以从 GroupShare 登录界面（图 4–53）登录项目经理分配的账户（或系统管理员账户），获取所需权限。用户使用账户登录服务器网址后进入 GroupShare 任务面板（图 4–54），可以看到项目仪表盘，仪表盘以饼状图、柱状图等形式直观显示所有翻译项目、个人翻译任务、常用语言对、任务量统计、翻译字数统计等信息。

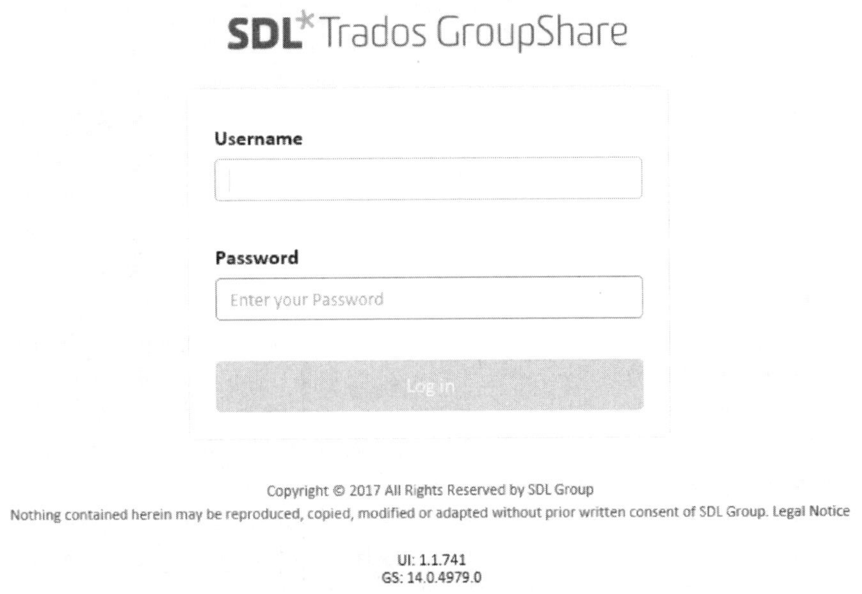

图 4–53　GroupShare 登录界面

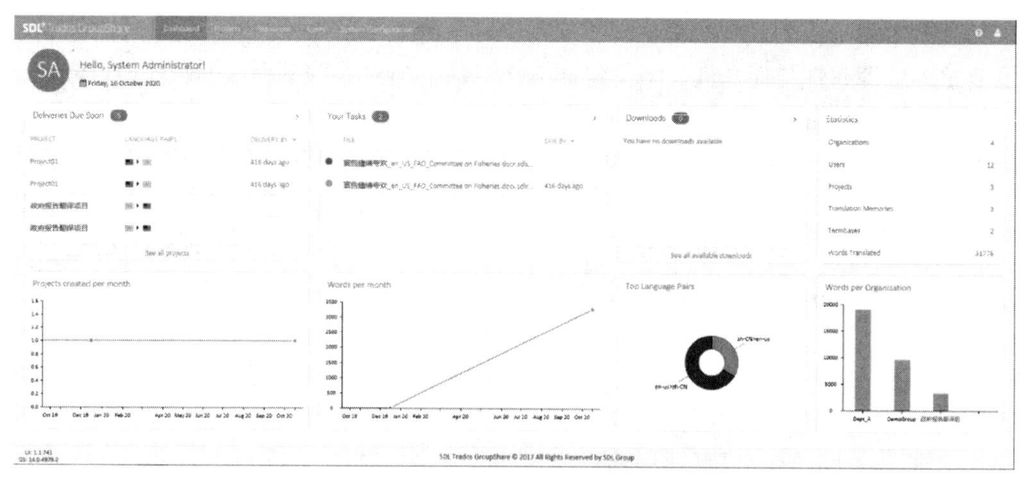

图 4–54 GroupShare 任务面板

翻译项目开始前，项目经理首先需要统筹规划该项目所需的人员，搭建项目所需的一系列资源。

在“用户”（Users）面板下，可通过“+ Organization”快捷键新建“组织”（也译作“整理”）。一个 Organization 中包含项目所需的人员和内容（术语库、翻译记忆库、容器、项目等）。Organization 方便用户根据项目的需求整理资源。比如示例项目为政府工作报告翻译项目，为使项目实施更有条理，项目经理可创建一个新的整理组，名为“政府报告翻译组”（图 4–55）。

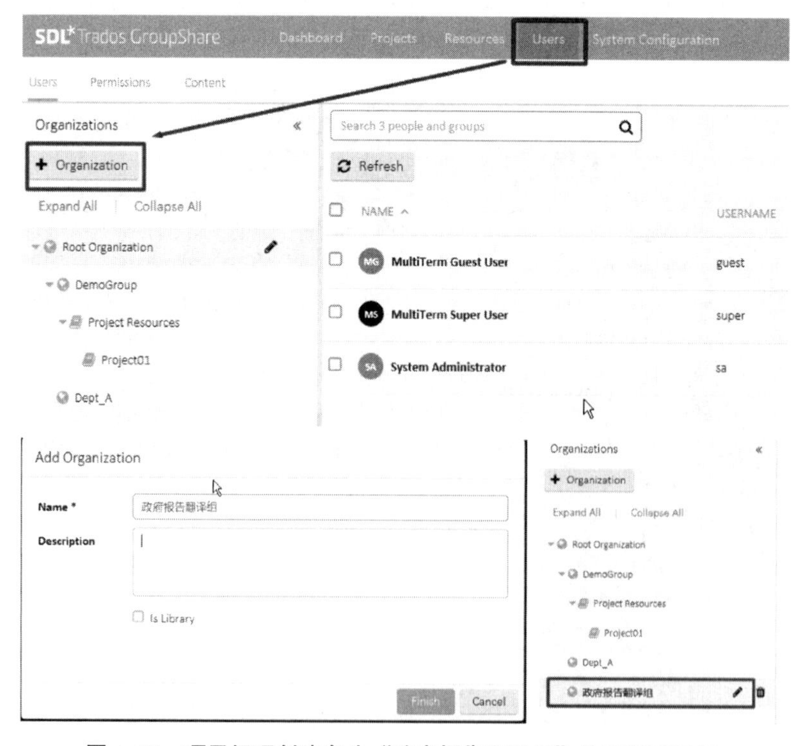

图 4–55 项目经理创建名为“政府报告翻译组”的翻译项目组

使用“+New User”按键（图 4–56）可以创建新用户，并定义该用户的权限。

图 4–56　创建新用户

在点击“+New User”按键弹出的弹窗（图 4–57）中，可以设置项目组内新增人员所属的组、用户类型，可以定义该用户在组内的姓名，以及登录服务器时所用的用户名（Username）及密码。该用户的邮箱、联系方式及描述可选填。用户名及密码很重要，是组员后续工作时登录服务器所需的凭证（如遗忘，项目经理或系统管理员可以在人员界面点击列表中的用户，再次编辑）。

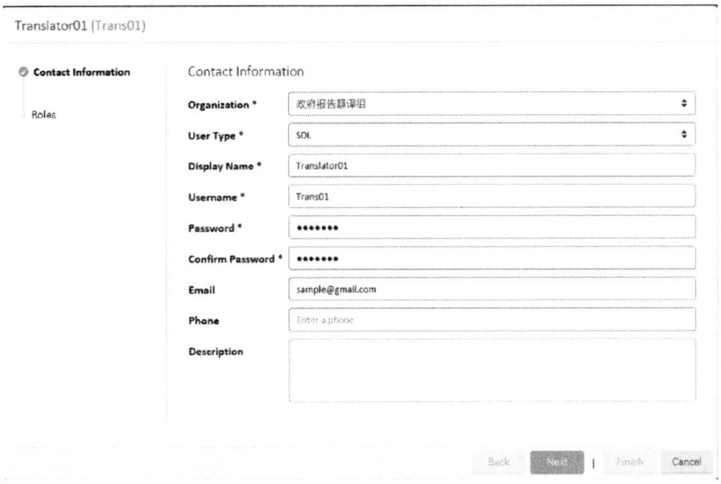

图 4–57　设置用户权限的弹窗

下一步，我们可以按需设置用户的角色，比如该组员是译员，即选择 Translator；如果是术语专家，则选择 Multiterm Guest 等（图 4–58）。

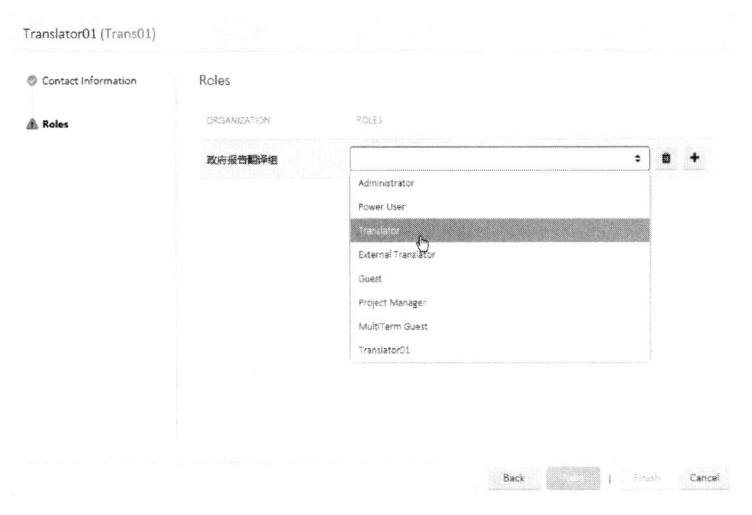

图 4–58　设置用户在翻译项目中的角色

我们可以在选定的 Organization 下看到已添加的项目组成员，如图 4–59 所示。

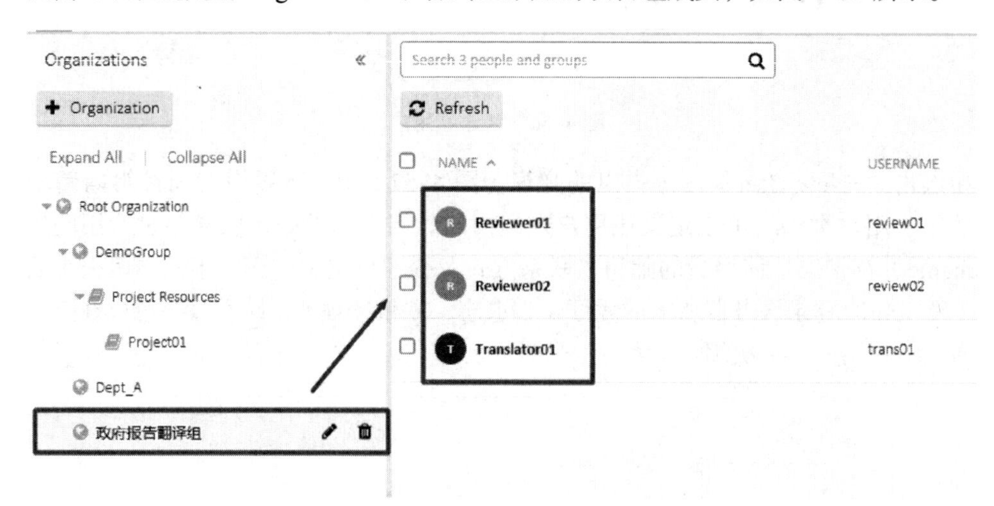

图 4–59　浏览翻译项目组中已添加的成员

如果想修改某个角色的权限，可以进入 Permissions 界面（图 4–60–1），点击该角色右侧的编辑符号，可以更改该角色的人员管理、项目操作、资源使用等权限（图 4–60–2），也可以点击“+New Role”键（图 4–61）添加新角色。

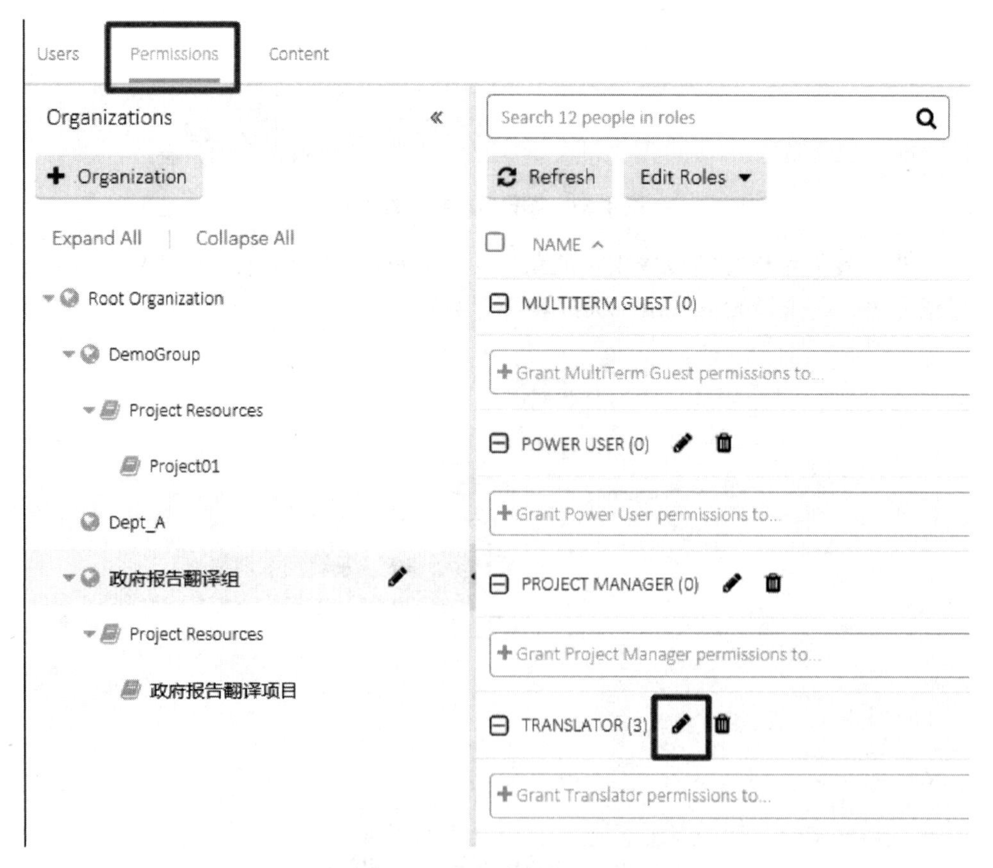

图 4–60–1　设置某个角色的操作权限

Translator

Name * Translator

MANAGEMENT

Organizations:	☑ View Organization	☐ Add Organization	☐ Edit Organization
	☐ Delete Organization	☐ Link To Organization	
Users:	☐ View User	☐ Add User	☐ Edit User
	☐ Delete User		
Library:	☑ View Library	☐ Add Library	☐ Edit Library
	☐ Delete Library	☐ Link To Library	

PROJECTS

Project:	☑ View Project	☐ Add Project	☐ Edit Project
	☐ Delete Project	☑ Check Out My Project Files	☐ Check Out Any Project Files
	☐ Cancel Check Out of Other Users Project Files	☐ Add new Source Files to a Project	☐ Assign Files
	☑ View Other Users	☑ View All Files	☑ Change Current Phase
	☐ Change Any Phase		

图 4–60–2　设置某个角色的操作权限

图 4–61　“+New Role”键

在 Content 面板，可以看到某一工作组中的资源，比如图 4–62 中可以看到已经创建在“政府报告翻译组”名下的术语库、翻译记忆库、项目等；这些资源的创建方法会在下文讲解。

图 4–62　创建在“政府报告翻译组”名下的翻译资源

新建 Organization 步骤并非每次创建新翻译项目时的必要流程，我们也可以使用默认的 Root Organization，在其中添加项目人员和翻译资源。不过反复使用 Root Organization 有一定的缺陷，不便于我们针对项目背景、需求、涉及人员对项目进行区分管理。大家可以根据具体需求选择是否创建 Organization。

②添加 / 编辑项目所需翻译记忆库

在 Resources 面板，我们可以看到项目所需的各种资源，例如翻译记忆库、语言资源模板、字段模板、术语库、项目模板等（如图 4–63 所示）。前文讲到，在人员、文件较多较杂乱的时候，我们可以自愿使用新建 Organization 的方式整理新项目的人员、资源；同理，如果有整理翻译记忆库的需求，可以使用“容器”这一概念。

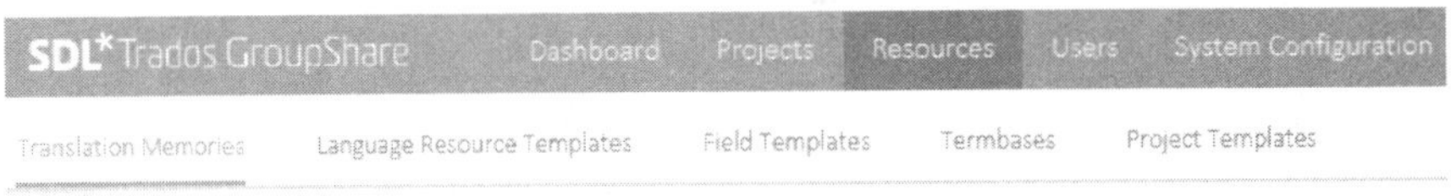

图 4–63　SDL Trados GroupShare 的 Resources 面板

服务器翻译记忆库必须要保存在 TM 容器中，目的在于更有条理地整理项目中所用的资源。与 Organization 类似，GroupShare 中也有默认的 TM 容器（Default TM Container）；但如果想要新建空白 TM 容器，我们可以在系统设置下选择新建容器（图 4–64）。

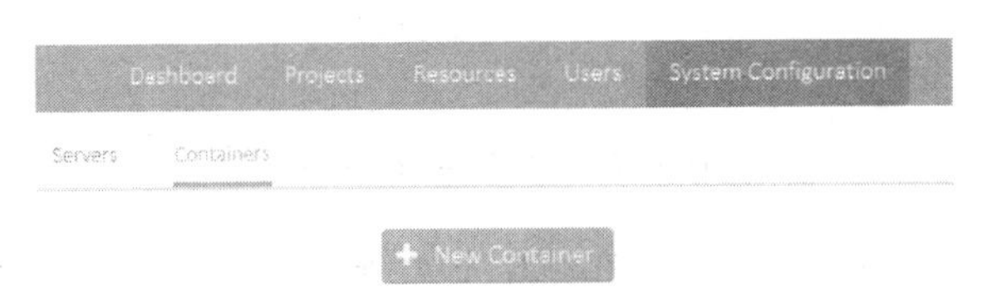

图 4–64　新建容器

进行新建容器的属性设置（图 4–65）时，我们需要注意，如果翻译记忆库属于“政府报告翻译组”（即它的 Organization/Location 在此处），应在下拉框中进行符合实际情况的选择。一般来讲，我们选择默认的 Database Server，并给容器、数据库命名（自定义）。这样，便创建好我们在后续新建 TM 时可能会用到的 Container 了。

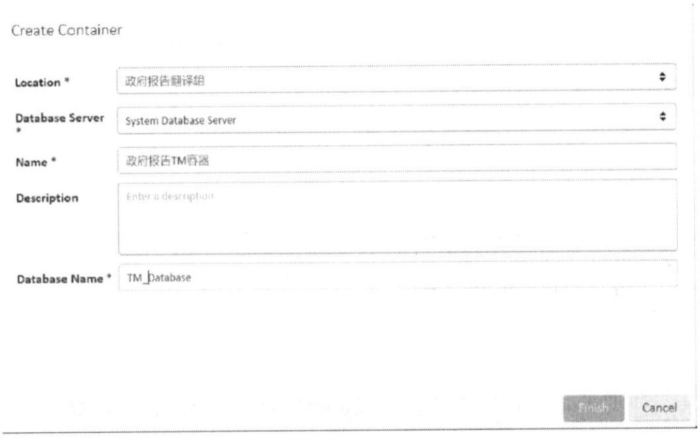

图 4–65　新建容器的属性设置

上文我们已经介绍过如何创建翻译记忆库（TM），并讲解了字段设置、语言资源的概念。服务器翻译记忆库的创建与本地翻译记忆库的创建类似，也会涉及字段设置、语言资源等问题（图 4–66）。

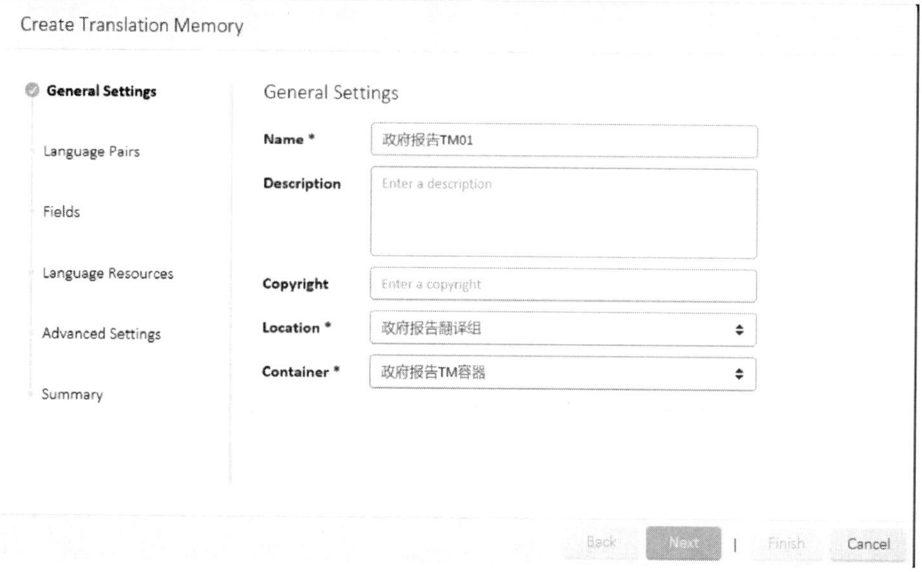

图 4–66　新建服务器翻译记忆库

在创建服务器翻译记忆库前，用户可以对语言资源及字段的设置进行编辑（通常情况下无须编辑，在翻译记忆库设置页面保持默认直接跳过即可）。对于语言资源而言，用户可以编辑选定语种的缩写、变量、断句规则等（与使用本地 Trados 软件相同）。字段设置，即对字段进行文本、数字等的规则设置（与本地 Trados 软件相同）。图 4–67、图 4–68、图 4–69 分别为设置服务器翻译记忆库语言资源、断句规则和字段的弹框。

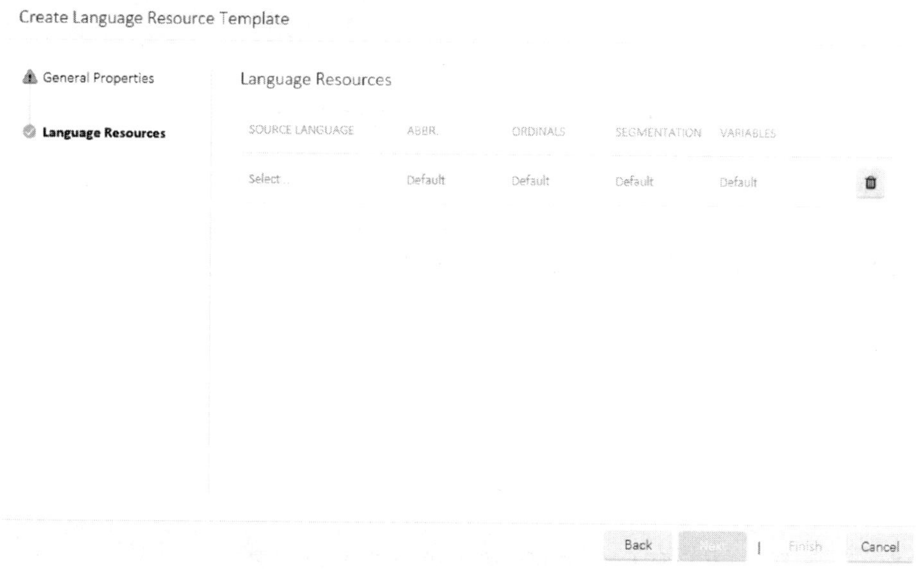

图 4–67　设置服务器翻译记忆库语言资源的弹窗

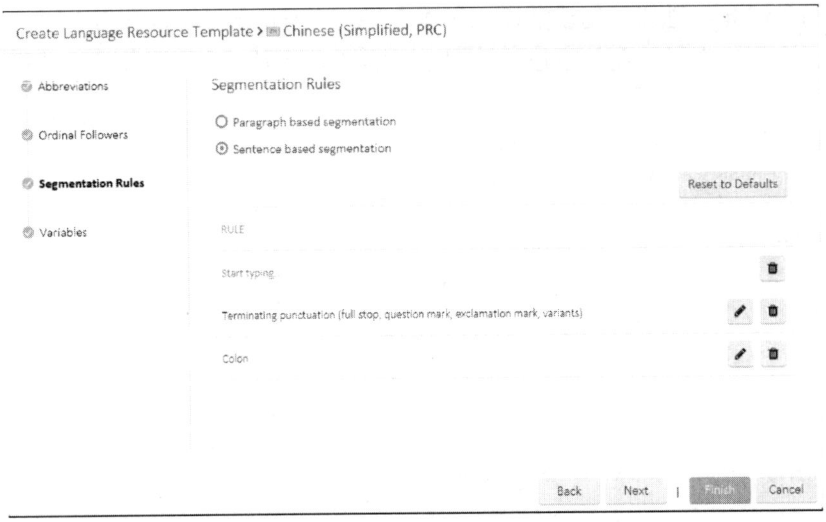

Create Language Resource Template > Chinese (Simplified, PRC)
Abbreviations
Ordinal Followers
Segmentation Rules
Variables
Segmentation Rules
Paragraph based segmentation
Sentence based segmentation
Reset to Defaults
RULE
Start typing
Terminating punctuation (full stop, question mark, exclamation mark, variants)
Colon
Back
Next
Finish
Cancel

图 4–68　设置服务器翻译记忆库断句规则的弹窗

Create Field Template
General Properties
Field Definitions
Field Definitions
FIELD NAME
TYPE
VALUES
Start typing...
Text
Text (Multiple)
Number
Date/Time
List
List (Multiple)
Back
Next
Finish
Cancel

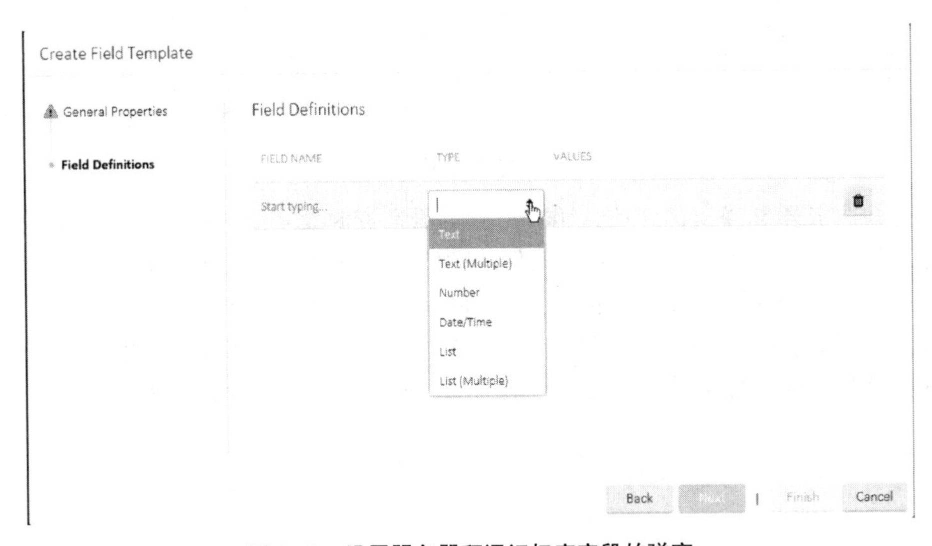

图 4–69　设置服务器翻译记忆库字段的弹窗

回到翻译记忆库的新建界面，在设置好 TM 的名称、所属 Location（政府报告翻译组）及 Container（政府报告 TM 容器）后，我们要设置 TM 的语言对（如上文介绍，Fields、Language Resources 两步设置可以直接跳过）（图 4–70）。

General Settings
Language Pairs
Fields
Language Resources
Language Pairs
SOURCE LANGUAGE
TARGET LANGUAGE
Select source language...
Select target language...
Chinese (Simplified, PRC)
English (United States)

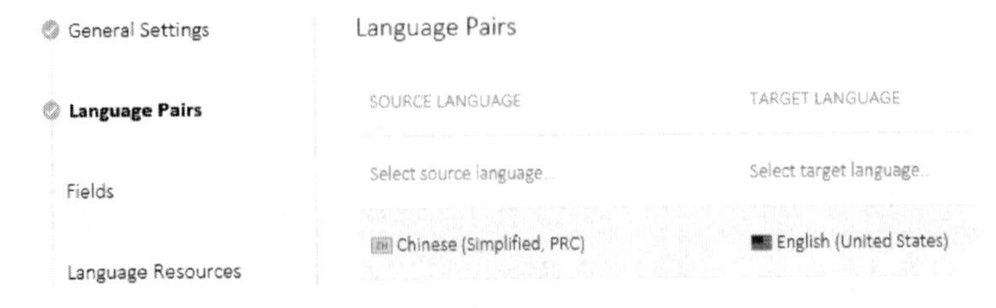

图 4–70　服务器翻译记忆库的语言对设置

在服务器翻译记忆库的高级设置页面（图 4–71），用户可以勾选想要翻译记忆库自动识别的字段，设置单词计数规则等（比如带有连字符的英文单词的计数规则等）；这一步通常保持默认设置。

Create Translation Memory

General Settings
Language Pairs
Fields
Language Resources
Advanced Settings
Summary

Advanced Settings

Recognize

Dates　Times　Numbers
Acronyms　Variables　Measurements
Alphanumeric strings

Count as one if words

Are hyphenated　Are joined by dashes　Contains apostrophes
Contain formatting tags

Enable character-based concordance search

Performance　Accuracy　Speed

Back　Next　Finish　Cancel

图 4–71　服务器翻译记忆库的高级设置页面

在创建服务器翻译记忆库的总结页面（图 4–72），我们可以看到翻译记忆库的总览信息。

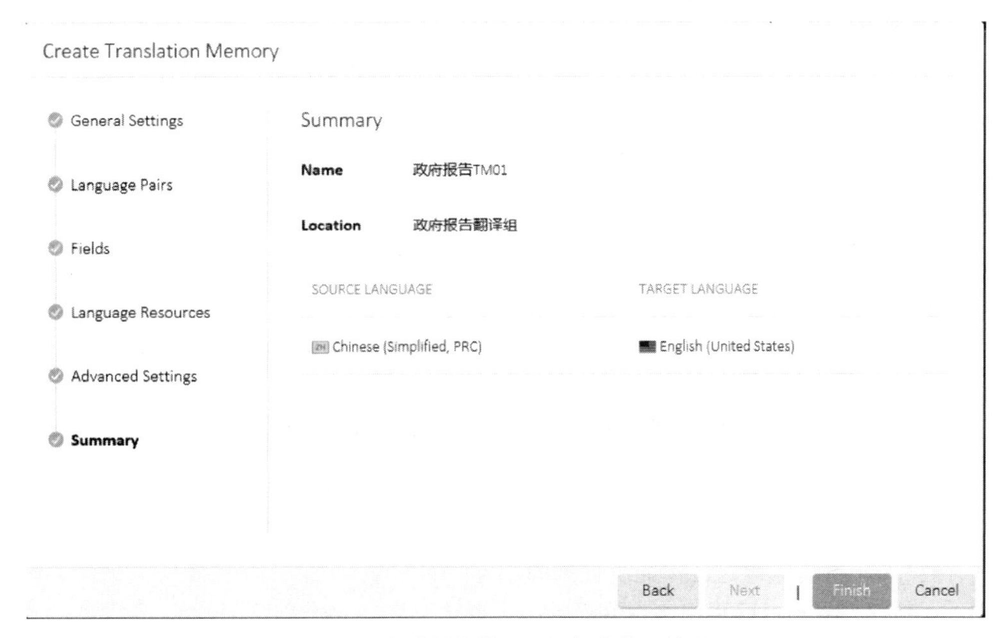

图 4–72　创建服务器翻译记忆库的总结页面

值得一提的是，在 Trados 本地客户端中，用户也可以新建服务器翻译记忆库。首先在客户端内，通过文件→设置→服务器→输入服务器网址→输入账户 & 密码（前文中所讲，由项目经理创建）的流程登录服务器（图 4–73）。

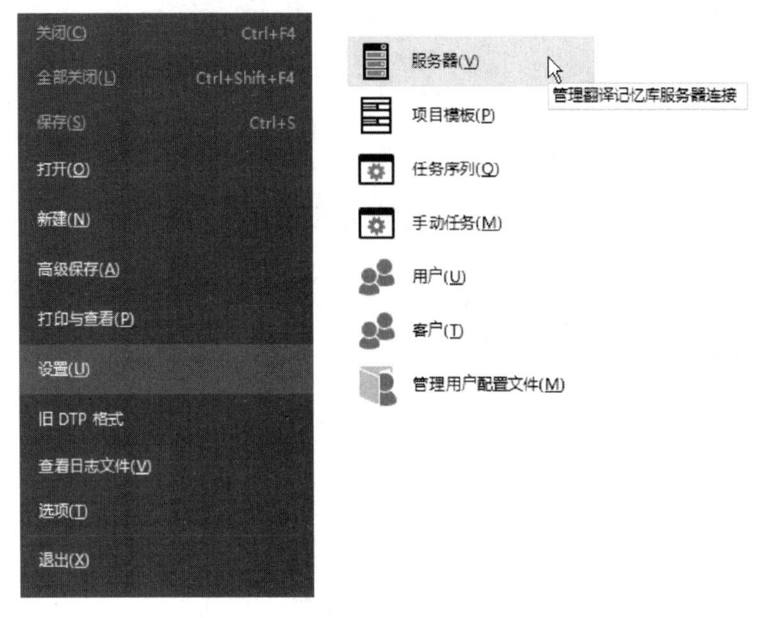

图 4–73　Trados 本地客户端登录服务器

登录成功后，获得如图 4–74 所示界面。如添加服务器失败，可选择“删除”，再点击“添加”，输入服务器地址，重新登录。登录后点击“检查服务器可用性”，如无问题，状态一栏下会显示“可用”。

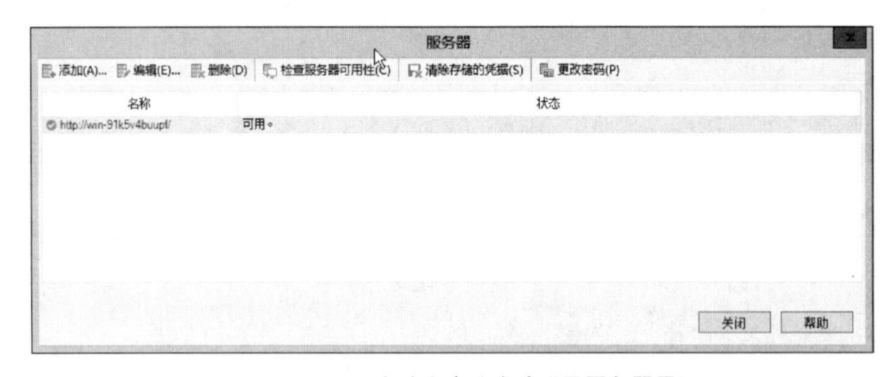

图 4–74　Trados 本地客户端成功登录服务器界面

成功登录服务器后，在 Trados 主界面，选择“翻译记忆库”视图，进入 Trados 本地客户端新建服务器翻译记忆库操作界面（图 4–75），即可新建服务器翻译记忆库，其操作流程与网页端、新建本地记忆库的流程大同小异。

图 4–75　Trados 本地客户端新建服务器翻译记忆库操作界面

创建服务器翻译记忆库时，需要指定服务器、位置（Location，即 Organization）、容器（服务器的 TM Container），如图 4–76 所示。

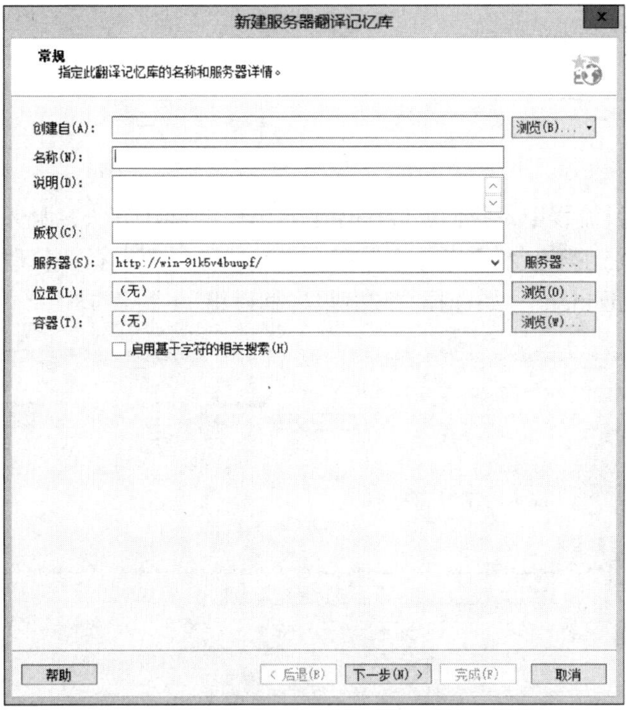

图 4–76　Trados 新建服务器翻译记忆库设置界面

前文也提到过，用户每次“新建”的翻译记忆库都是空白的，没有内容；通常用户的翻译记忆库会随着翻译的进行而逐渐累积，或者用户可以通过导入 TMX 文件的形式，将已有的双语平行语料导入翻译记忆库以供使用。在翻译记忆库创建界面，选择“导入”，并将本地的 TMX 格式文件导入即可。

③创建项目所需的服务器术语库

Trados 带有独立的术语库管理软件 Multiterm，服务器的术语库也通过 Multiterm 在本地创建。在 Multiterm 界面，通过左上角的文件→设置→服务器，输入服务器与账号信息以连接。在软件界面选择“管理员”后，可以看到添加 / 新建的按钮，选择后即可创建服务器术语库（图 4–77）。

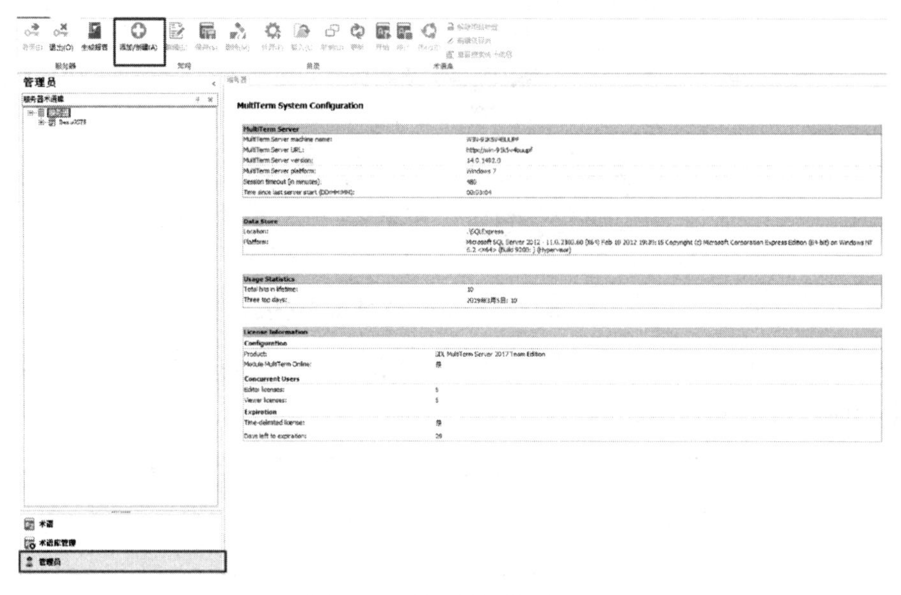

图 4–77 新建服务器术语库

在上文新建项目流程中，我们已经讲述了术语库的创建方法，服务器术语库的创建与之类似，唯一的区别在于，术语库并不保存在本地，而是要选择“整理”的位置（即前文提到的分组，Organization），如选择“政府报告翻译组”（图 4–78）。

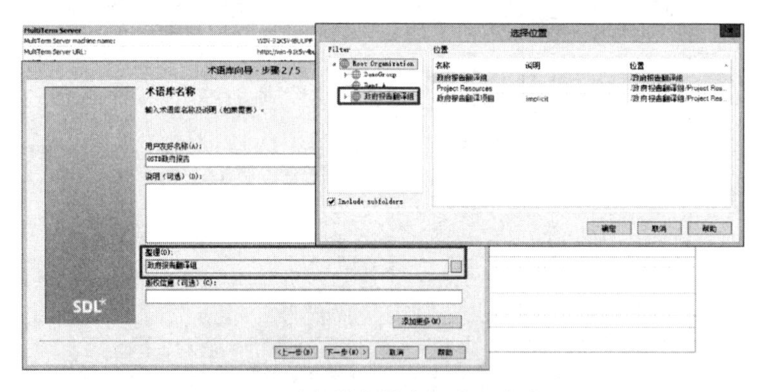

图 4–78 选择服务器术语库所在分组

然后继续后面的步骤（与创建普通术语库一致），直到出现图 4–79 所示的界面，表明完成了术语库创建。

图 4–79 创建服务器术语库的加载界面

在已创建好的术语库的设置界面，我们可以添加 / 编辑能够有该术语库访问权限的角色（该项设置不是必需的），比如默认设置中已有的角色 Expert User 具有极高的术语库访问权限（可以读取 / 更改词条等，在“术语库访问规则”“条目访问规则”处设置），符合该角色的服务器成员有 sa（system administrator）和 super（即系统管理员与高级管理）（如图 4–80 所示）。

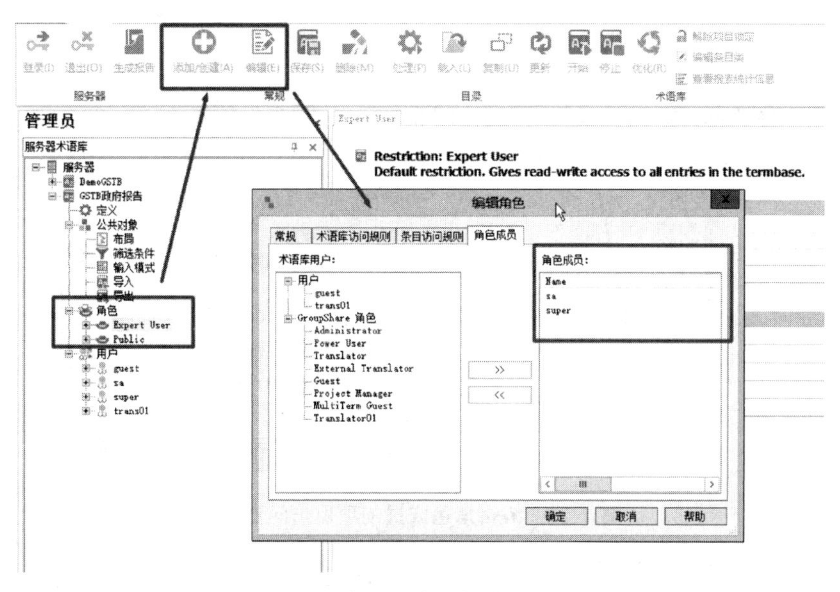

图 4–80　服务器术语库的角色访问权限设置界面

我们也可以在用户一栏添加服务器里的其他账户，从而让其获得登录服务器编辑术语库的权限（图 4–81），通常我们只给术语专家、系统管理员开通这个权限（该项设置非必须，保持默认即可）。

图 4–81　为用户账号添加服务器术语库访问权限

我们可以对用户的角色进行定义，比如我们可以选择一个用户，将其设置成角色中的 Expert User 或者 Public（每个角色的属性设置上文已提及，可以对角色进行访问权限与规则的设置，如图 4–82 所示）。

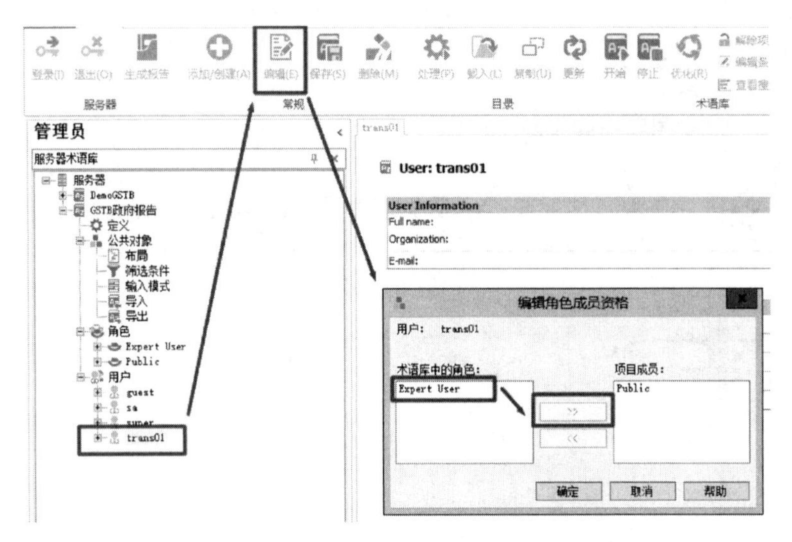

图 4–82　编辑角色成员的项目访问资格

在空白的术语库创建完成后，我们可以在翻译过程中添加内容（图 4–83），也可以直接导入术语库内容。

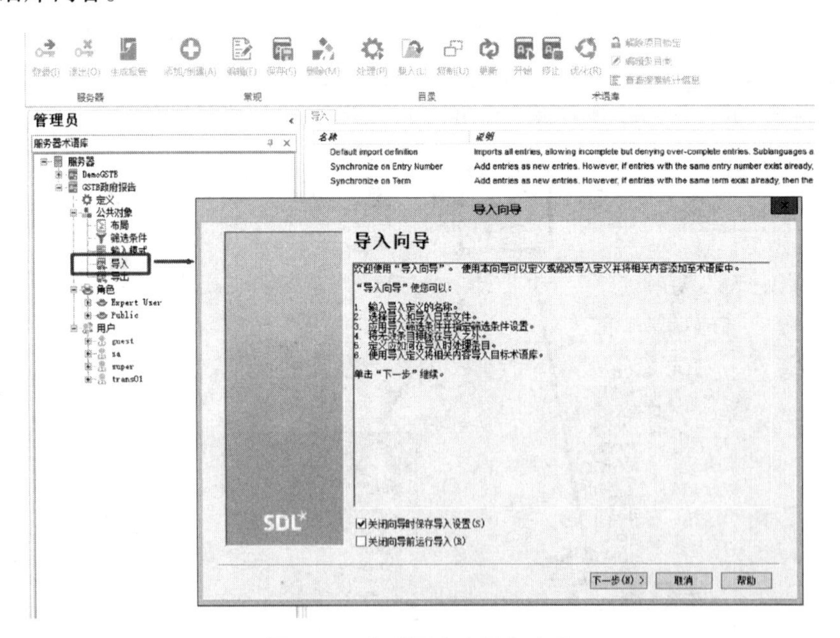

图 4–83　向术语库中导入内容

术语库创建好后，回到服务器网页端，刷新 Resources → Termbases →项目 Organization 的术语库列表，即可看到创建好的术语库（如图 4–84 所示）。

图 4–84　刷新服务器术语库列表

④创建服务器翻译项目

我们把服务器的资源都搭建好后，就可以在 Trados 内部创建 GroupShare 翻译项目了。在 SDL Trados Studio 2017 中，我们在新建项目的第一步就可以看到“通过 GroupShare 发布项目”的选项，对其进行勾选，并配置服务器，选择位置（即 Organization），添加客户（非必须），按上文所讲的步骤完成后续整个项目的创建流程，就可以把翻译项目发布到服务器上了（图 4–85）。

图 4–85　SDL Trados Studio 2017 发布服务器翻译项目

在选择翻译记忆库、术语库这一步，我们可以直接选择刚刚在服务器端搭建好的服务器 TM 与 TB（如图 4–86–1、图 4–86–2、图 4–86–3 所示）。

图 4–86–1　SDL Trados Studio 2017 使用服务器翻译记忆库

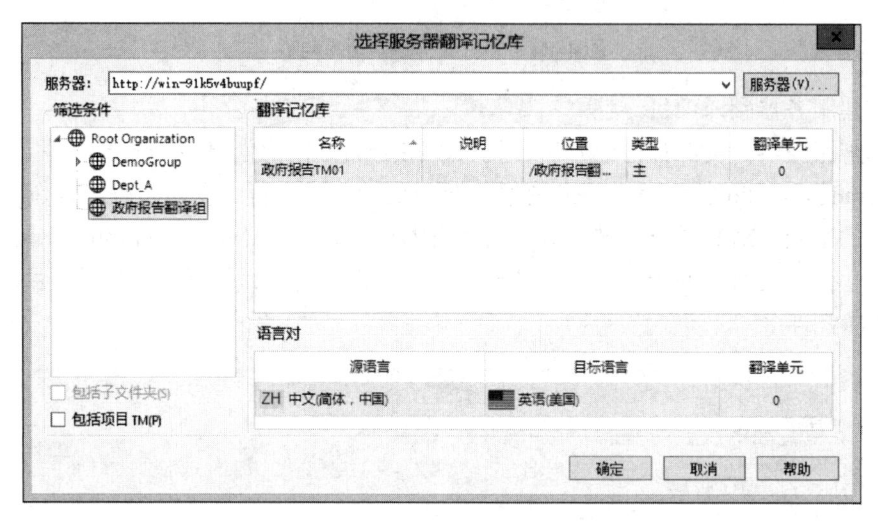

图 4–86–2　SDL Trados Studio 2017 选择服务器翻译记忆库所在位置

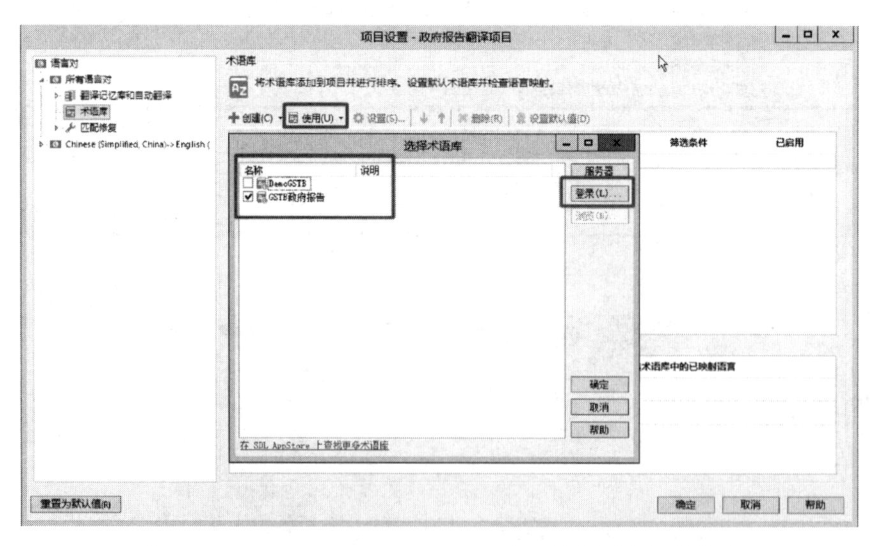

图 4–86–3　SDL Trados Studio 2017 选择服务器翻译术语库

完成上述步骤后，即可将项目发布至服务器（图 4–87）。

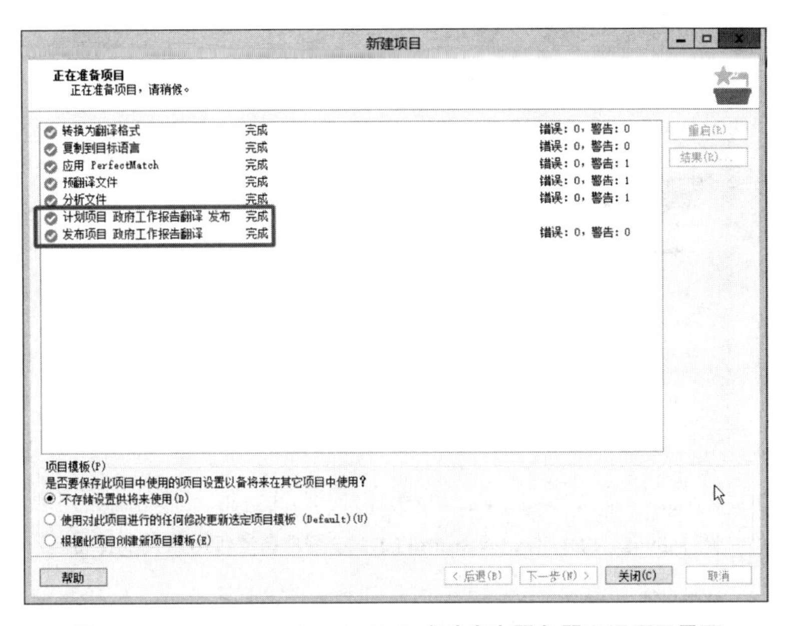

图 4–87　SDL Trados Studio 2017 成功发布服务器翻译项目界面

SDL Trados Studio 2019 的界面与 SDL Trados Studio 2017 的略有不同，前者在第 2 步“常规”中添加客户（图 4–88），而发布 GroupShare 项目则在第 5 步。

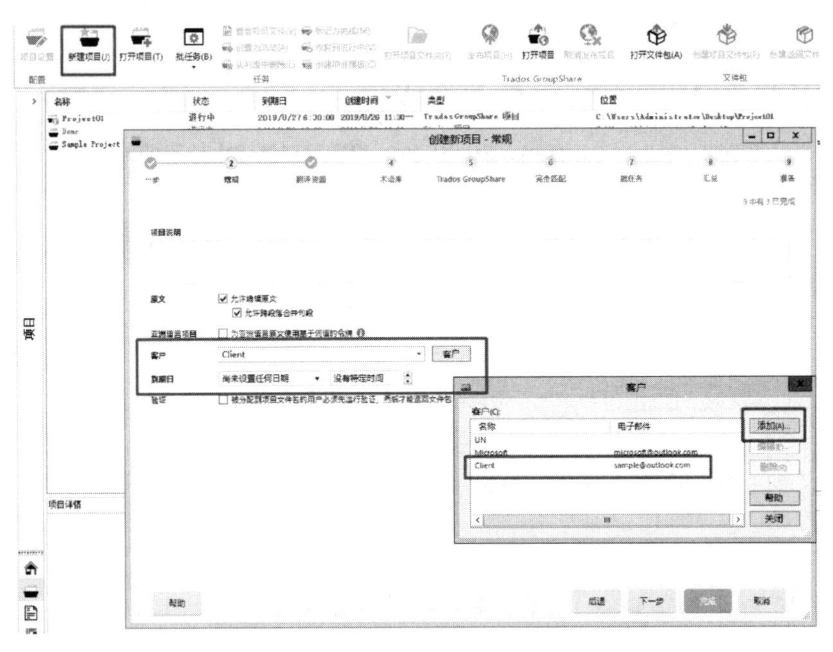

图 4–88　SDL Trados Studio 2019 发布服务器翻译项目之添加客户

SDL Trados Studio 2019 可以在项目发布过程中对人员进行配置，用户可以直接添加准备、翻译、审校、定稿四个流程中涉及的用户（已在服务器后台创建好）（如图 4–89–1、图 4–89–2、图 4–89–3、图 4–89–4 所示）。

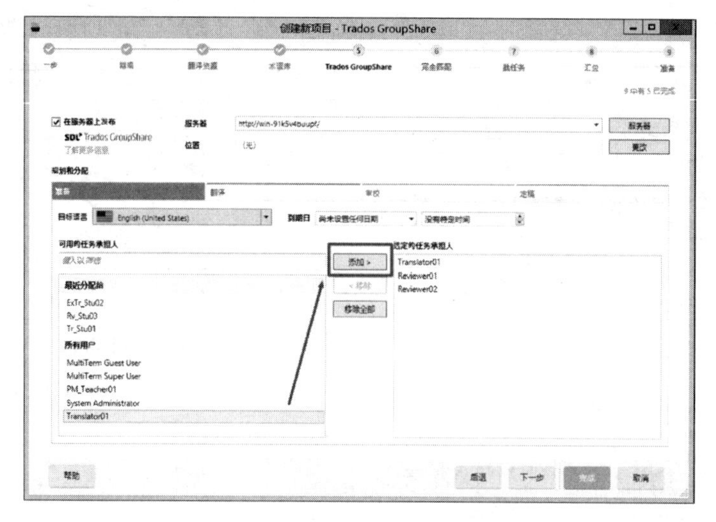

图 4–89–1　SDL Trados Studio 2019 设置准备流程中涉及的译员

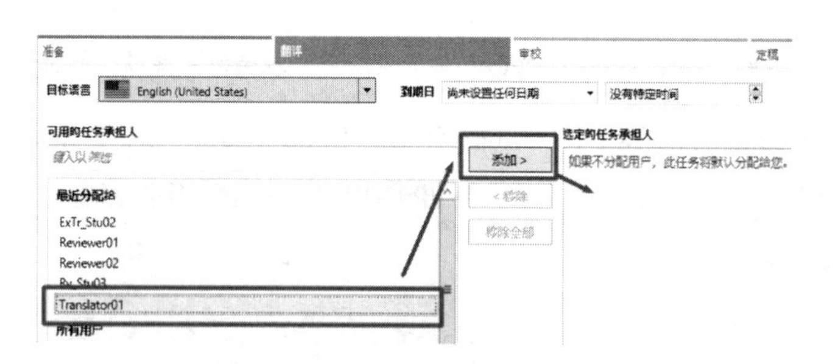

图 4–89–2　SDL Trados Studio 2019 设置翻译流程中涉及的译员

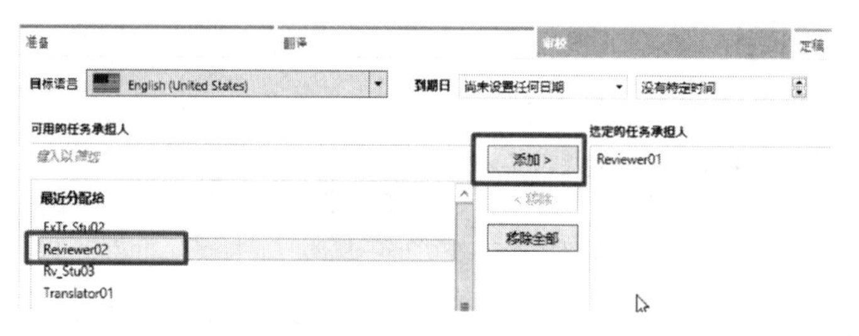

图 4–89–3　SDL Trados Studio 2019 设置审校流程中涉及的译员

图 4–89–4　SDL Trados Studio 2019 设置定稿流程中涉及的译员

SDL Trados Studio 2019 的服务器翻译项目创建完成界面如图 4–90 所示。

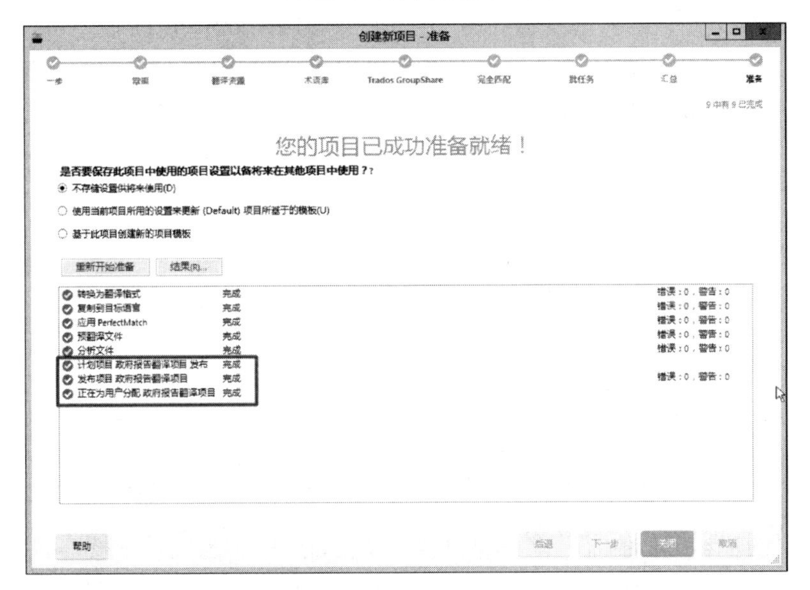

图 4–90　SDL Trados Studio 2019 的服务器翻译项目创建完成界面

⑤翻译项目工作流

项目创建好后，项目经理可以通过网页端、本地软件来更改、监管项目工作流。如使用网页端，项目经理可以在 Projects 面板下看到项目内容以及工作进度（图 4–91）。

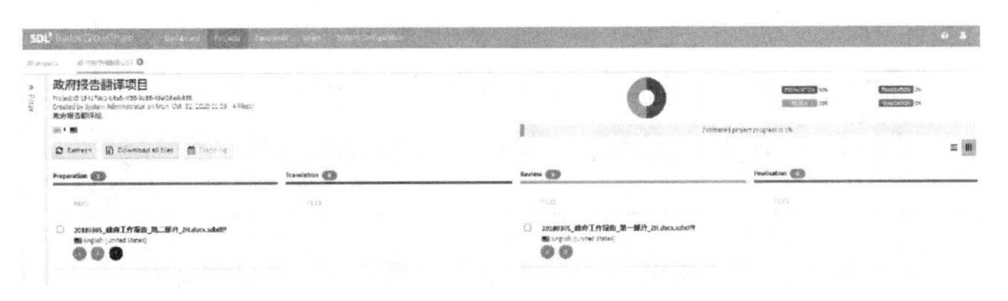

图 4–91　SDL Trados GroupShare Projects 面板下的项目工作流

勾选某一个文件，点击 Planning for 1 file，可以看到该文件的工作流（图 4–92）。项目经理可以在窗口内设置准备、翻译、审校、定稿四个阶段的截稿日，在下拉框中选择该阶段的负责人，并选择是否激活该阶段（set as active phase）。

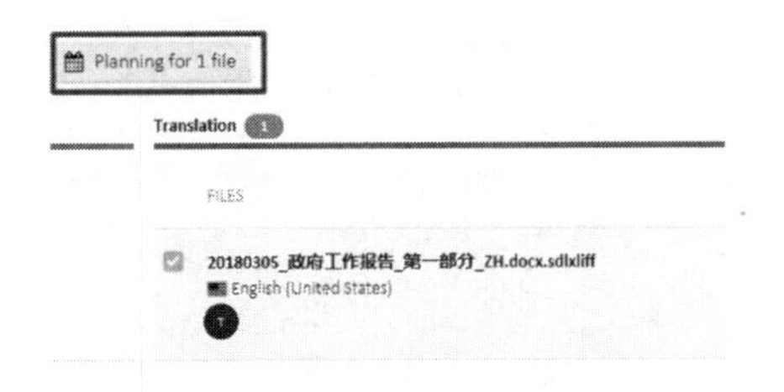

图 4–92　在 SDL Trados GroupShare 中点击“Planning for 1 file”可查看选中文件的工作流

当项目处于某阶段，只有指定负责人可以编辑该文件；待该流程结束、项目经理更换阶段后，其他相关负责人才可以编辑文件。如图 4–93 所示，在翻译阶段，只能由 Translator01 编辑文件，当其已完成 100%（在图 4–91 的 Projects 面板中可以看到翻译完成度）、译者已返稿或已到截稿日，项目经理可以将项目阶段改为审校。进入审校阶段，Reviewer01、Reviewer02 才可以编辑文件。

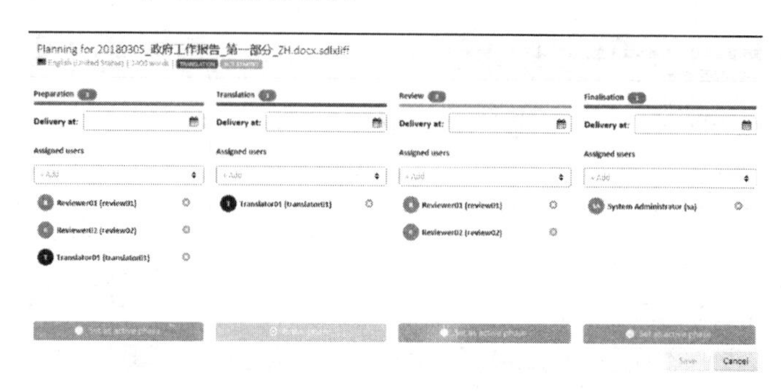

图 4–93　项目当前处在“翻译”阶段，只有对应负责人可编辑文件

翻译项目的基本工作流是：准备项目→准备完成 / 切换至翻译阶段→翻译完成 / 切换至审校阶段→审校完成 / 切换至定稿→定稿。项目发布后，流程中的具体阶段需要相关负责人来完成了。

项目经理也可以使用 Trados 本地客户端更改服务器翻译项目的所处阶段（图 4–94）。确保成功连接至服务器后，即可在项目中选定一个文件，点击菜单栏中的“更改阶段”。

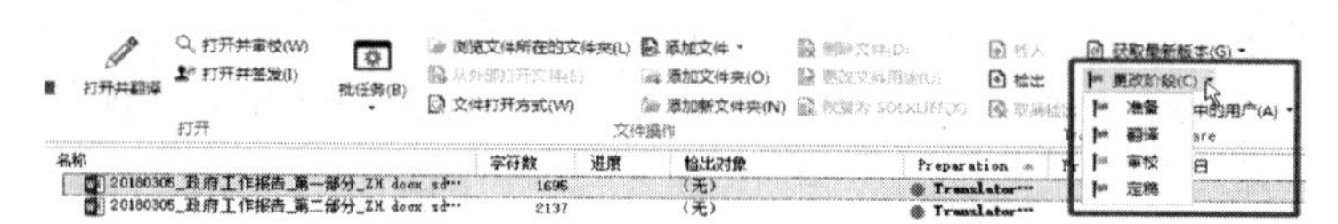

图 4–94　使用 Trados 本地客户端更改服务器翻译项目的所处阶段

（8）译员在线进行翻译、审校等任务

在翻译或审校阶段，译员使用 Trados 本地客户端连接服务器以获取文件、进行翻译，通过文件→设置→服务器→输入服务器网址、账户密码的流程连接服务器后，在客户端内部打开 Trados GroupShare 项目（图 4–95–1、图 4–95–2）。

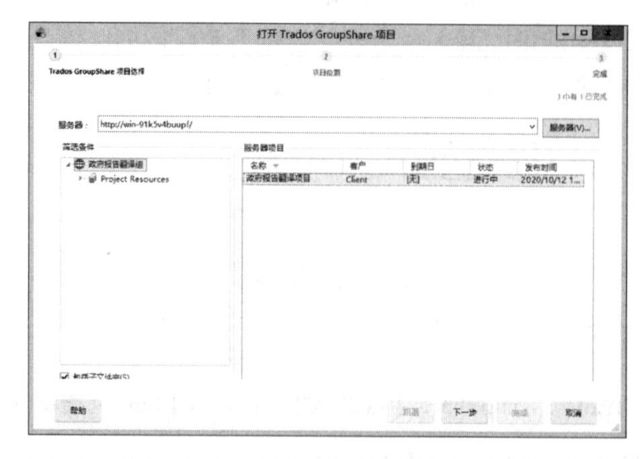

图 4–95–1　使用 Trados 本地客户端连接服务器并获取翻译项目

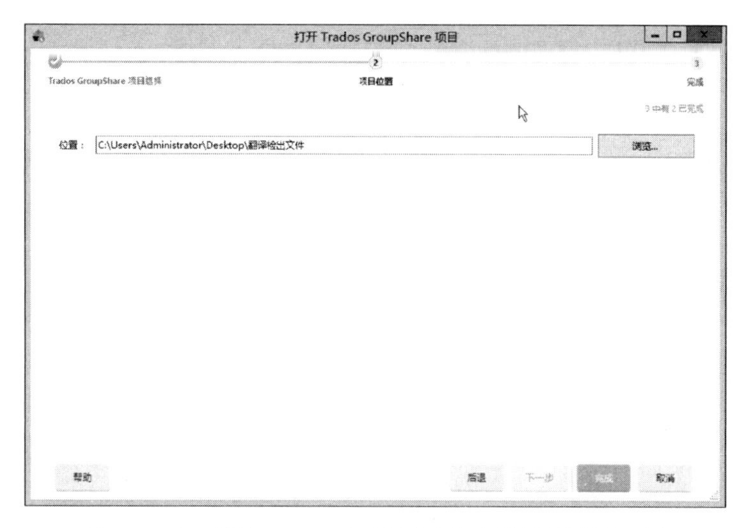

图 4–95–2 使用 Trados 本地客户端打开服务器翻译项目

译者打开项目后，即可看到项目中的待译文件。选定该文件，在菜单栏（图 4–96）中选择“检出”，并在弹出的提示框（图 4–97）中勾选“检出并编辑该文件”。如提示框中所示，译者完成翻译后，还需将文件再次检入，以便翻译项目经理及时了解项目进度，切换至下个流程。

图 4–96 本地打开服务器翻译项目后出现的 GroupShare 菜单栏

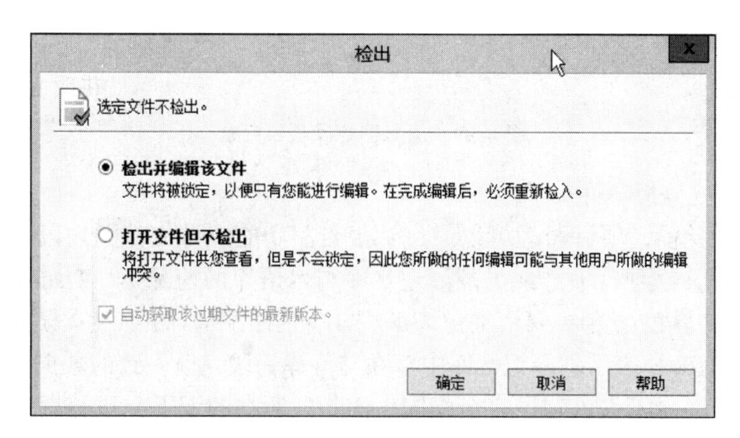

图 4–97 点击“检出”GroupShare 翻译文件后弹出的提示框

翻译或审校完成后，选择检入以完成该阶段工作，也可以直接在提示框中选择将阶段更改为下一阶段。某些项目中译者有权在翻译阶段完成后，将工作阶段更改为审校（图 4–98）。如无权限更改，保持默认即可。

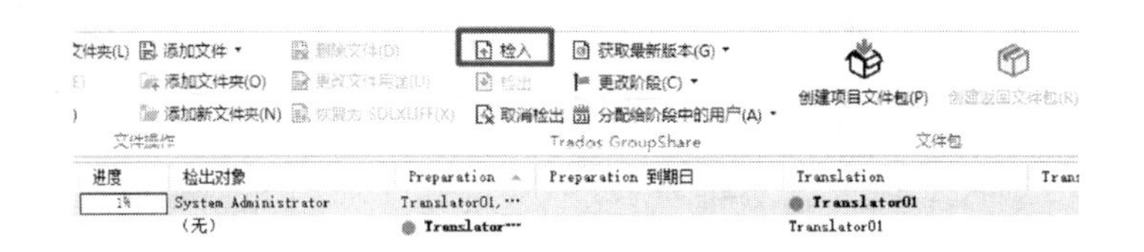

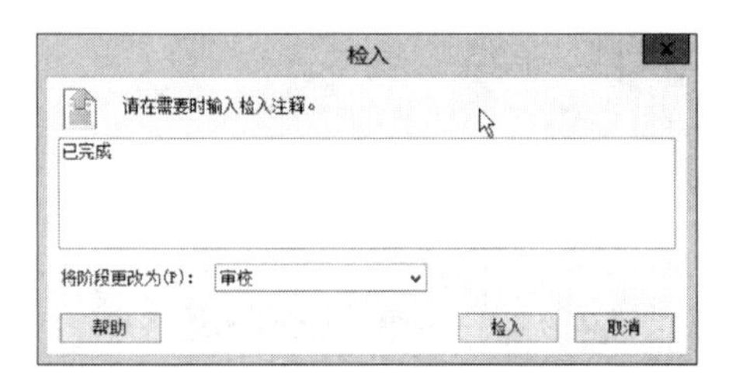

图 4–98　某些项目中译者有权限在提交任务时协助更改工作阶段

这样，每个阶段都可以在 GroupShare 平台有条不紊地进行，项目经理也可以在服务器网页端实时监管项目推行的进度。项目完成后（图 4–99），项目经理可以在服务器端下载项目中的文件或直接在 Trados 中导出项目的文档。

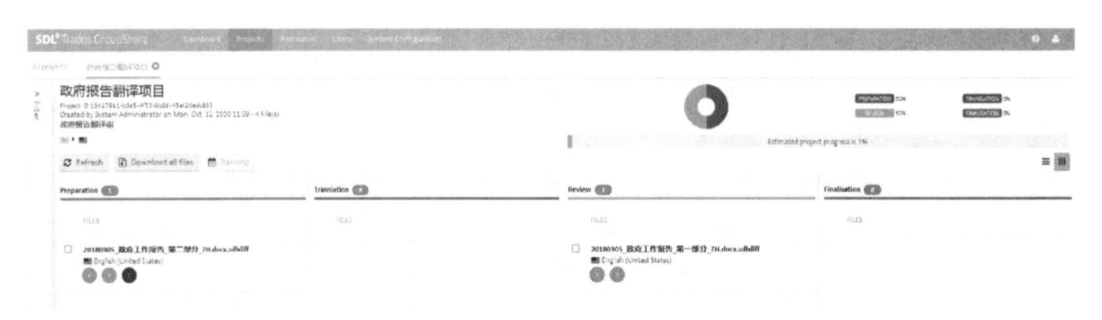

图 4–99　服务器翻译项目完成

（9）使用报告分析项目

翻译项目开始前，项目经理可以通过“报告”功能统计文件的句段、字数、重复等信息（图 4–100）。在项目中添加了翻译记忆库与术语库的情况下，Trados 也会统计待译文件与记忆库的模糊匹配值，可以简单理解成二者的匹配值 / 相似度；模糊匹配的数值从 50% 起至 99%，100% 表示翻译记忆库中存在与待译句段完全一致的数据，而上下文匹配（ContextMatch）表示不仅该句段完全相同，该句段所在的上下文也与翻译记忆库中的内容一样（图 4–101）。在翻译项目中，译前统计的结果（例如重复、匹配值等）会影响翻译服务的报价。

分析文件报告

汇总

任务：	分析文件
项目：	测试
翻译管理系统：	DemoTM.sdltm
语言：	Chinese (Simplified, China)
文件：	1
创建时间：	2020/8/30 22:16:23
任务持续时间：	11 秒

设置

报告文件间的重复：	是
报告内部模糊匹配利用情况：	否
单独报告锁定句段：	否
最低匹配率：	70%
搜索模式：	使用所有翻译原文中的最佳匹配。
缺少格式罚分：	1%
格式不同罚分：	1%
一句多译罚分：	1%
自动本地化罚分：	0%
文本替换罚分：	0%
启用匹配修复：	否
使用机器翻译修复匹配项：	否

upLIFT 的片段匹配选项	整个翻译单元	翻译单元片段
匹配项的最少字数：	2	不适用
匹配项的最少有效字数：	2	不适用

图 4–100　Trados 分析文件报告

文件详情

文件	类型	句段	字数	字符数	百分比	已识别标记	已修复的字数	片段字数（整个翻译单元）	片段字数（翻译单元片段）	AdaptiveMT 影响	标记
20180305_政府工作报告_第一部分_EN.docx.sdlxliff	**PerfectMatch**	0	0	0	0.00%	0	0	0	0		0
字符/单词：5.33	上下文匹配	0	0	0	0.00%	0	0	0	0		0
	重复	0	0	0	0.00%	0	0	0	0		0
	交叉文件重复	0	0	0	0.00%	0	0	0	0		0
	100%	0	0	0	0.00%	0	0	0	0		0
	95% - 99%	0	0	0	0.00%	0	0	0	0		0
	85% - 94%	0	0	0	0.00%	0	0	0	0		0
	75% - 84%	0	0	0	0.00%	0	0	0	0		0
	50% - 74%	0	0	0	0.00%	0	0	0	0		0
	新建/AT	57	1279	6822	100.00%	230	0	0	0		170
	AdaptiveMT 基准	0	0	0	0.00%	0	0	0	0		0
	含学习的 **AdaptiveMT**	0	0	0	0.00%	0	0	0	0	0.00%	0
	总计	**57**	**1279**	**6822**	**100%**	**230**	**0**	**0**	**0**	**0.00%**	**170**

图 4–101　Trados 分析文件报告详情

（10）在编辑器中翻译

通过前文，我们了解到 Trados 包含翻译项目管理功能，也能够辅助译者进行译前准备。在部署完项目 / 接到翻译或审校任务、准备完善后，译者就要开始着手工作了。译者可以在“项目”界面看到项目列表，在“文件”界面看到某一项目中的文件，而打开某一文件并进行编辑操作时，就会进入编辑器界面（图 4–102）。

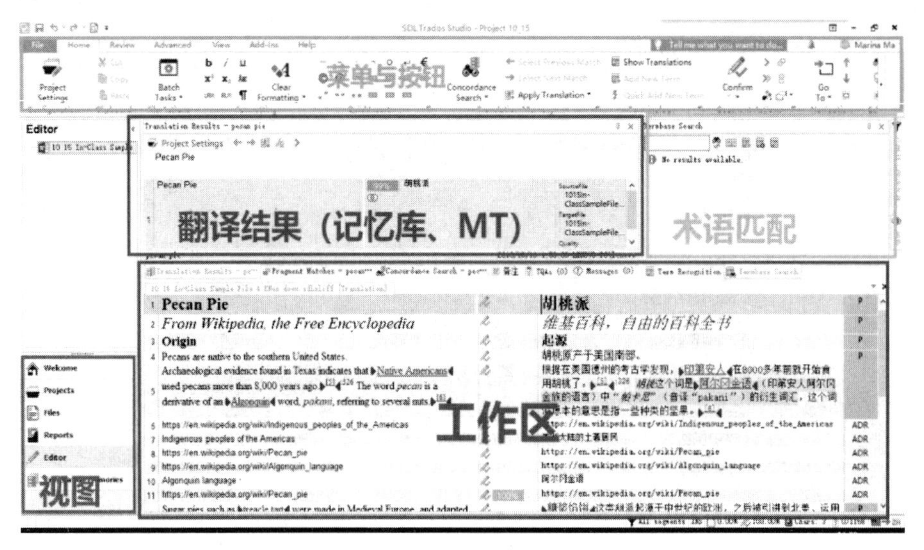

图 4–102　Trados 编辑器界面

在编辑器菜单栏（图 4–103），我们可以使用功能按键实现相关功能，菜单栏中有主页、审校、高级、视图、附加功能、帮助几大板块，后文将详细介绍。

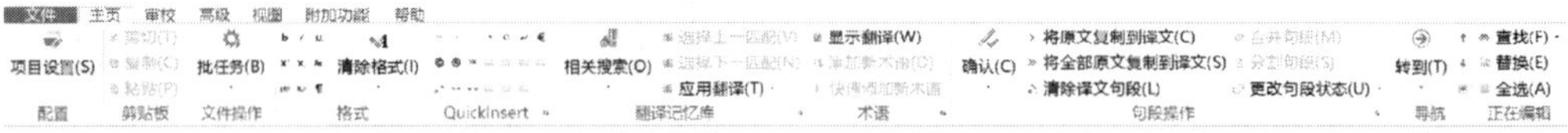

图 4–103　Trados 编辑器菜单栏

打开待译文本后，Trados 的翻译编辑器会对译文进行自动断句，单位为 Segment 句段（断句规则可在翻译记忆库中进行自定义设置，如图 4–104 所示），并以原译对照的方式显示在工作区（图 4–105）。在工作区域，从左至右依次是句段序号、原文句段、翻译状态、译文句段、句段属性（H-Heading、LI-ListItem、P-Paragraph、TC-TableCell、FN-FootNote 等）。

图 4–104　在翻译记忆库设置中更改原文的断句规则

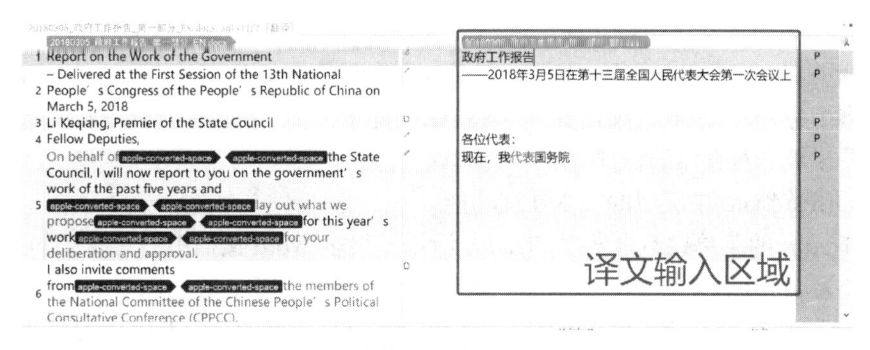

图 4–105　编辑器中的译文编辑工作区

译文的状态有未翻译、草稿、已翻译、已审校、已签发等（图 4–106），会随着工作流程的变化而更改。此外，状态栏也会显示锁定、模糊匹配罚分、完全匹配、上下文匹配、自动翻译等图标。已着手开始编辑但并未确认的句段为草稿。与翻译记忆库中已有的内容存在一定匹配值的是模糊匹配，通常显示为小于 100% 的某个百分比，之所以小于 100%，是“罚分”导致的——每处内容差异都会导致减去一定百分比（可在设置中自定义），如格式不同、缺少格式等都会导致罚分。上下文匹配也是模糊匹配中的一种，但较为特殊，除译文内容与 TM 中完全相同外，上下文也与 TM 完全相同。自动翻译通常是运用了机器翻译引擎得到的内容。

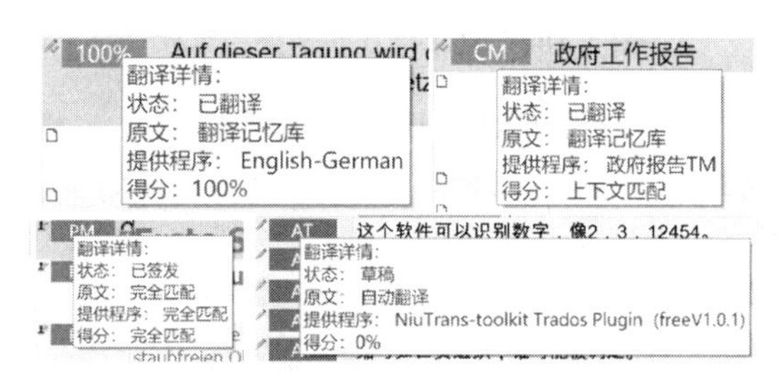

图 4–106　译文的多种状态一览

使用 CAT 软件进行翻译非常简单，因为断句是自动的，大致步骤是：打开所需翻译文档→在译文区域进行翻译 / 使用软件相关功能进行协助→确认翻译。

前文提到，原文导入 Trados 后被自动断句，如果发现断句结果有需要更改之处，可以合并 / 分割句段。按住 Ctrl 键与需要合并的句段序号，右键打开菜单，即可选择“合并”；将光标置于原文句段中需要分割的地方，点击右键即可选择“分割”。

我们已经了解了译文的状态，而所谓“确认翻译”功能，即在该句段翻译完善后，将句段的状态改为“已翻译”。我们可以使用菜单栏中的相应按键，也可以使用键盘快捷键 Ctrl+Enter 确认句段。在句段操作菜单（图 4–107）中，除了可以使用确认键，也可以根据需要，使用“将原文复制到译文”功能（例如不需要处理原文的句段）、“清除译文句段”、“更改句段状态”等功能。

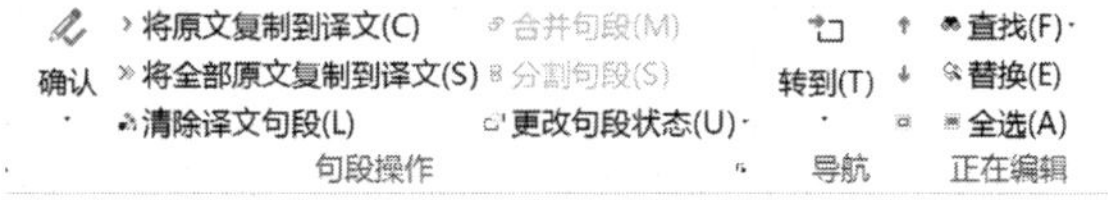

确认　将原文复制到译文(C)　合并句段(M)　转到(T)　查找(F)
将全部原文复制到译文(S)　分割句段(S)　替换(E)
清除译文句段(L)　更改句段状态(U)　全选(A)
句段操作　导航　正在编辑

图 4–107　句段操作菜单

翻译完成后的“确认”自然简单，但最丰富的功能都集中在“在译文区域进行翻译 / 使用软件相关功能进行协助”这一步骤。Trados 拥有目前 CAT 市场上最强大的翻译编辑器，拥有 700 多个命令和 1300 余项设置 ①，支持的功能诸多，无法枚举。此处将挑选最常用的几个功能及模块进行介绍。

①与 Office Word 中类似的文本处理功能

观察 Trados 的菜单栏不难发现，Trados 沿用了很多 Word 文档中已有的文本处理功能，比如，在较为庞大的文档中，可以通过“转到”功能精准定位，转至需要翻译的句段序号；“查找 / 替换”则类似于 Word 文档中的同名功能，值得一提的是，Trados 的查找功能是可以选择原文 / 译文的，更符合翻译工作的特点。

尽管翻译最重要的是文本内容本身，但在某些情境下，译者也需要处理译文的格式等（可以借助机器来完成这类工作以提高效率），下文的这些功能（如图 4–108 所示）均与 Word 中的功能类似。我们可使用菜单栏中的按键进行相关操作，比如可随时更改项目设置（如更改翻译记忆库、术语库等），进行复制、粘贴等操作（也可以使用系统快捷键），进行加粗等格式操作或清除格式，使用 QuickInsert 加入特殊符号等。

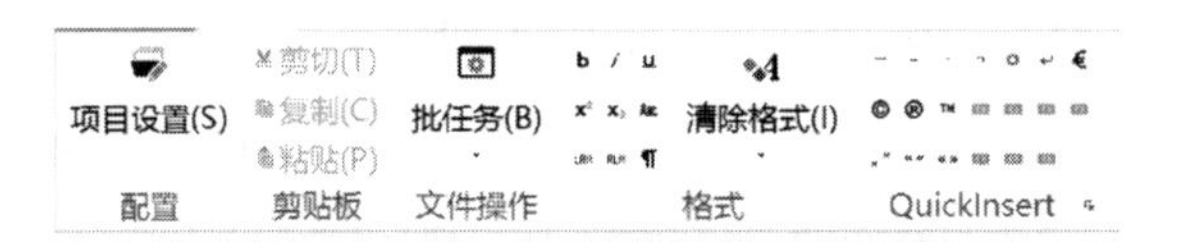

图 4–108　文本格式快速处理菜单

上述功能均可在“选项”内设置对应快捷键（图 4–109），便于译者脱离鼠标工作，选择最适合自己的工作模式。

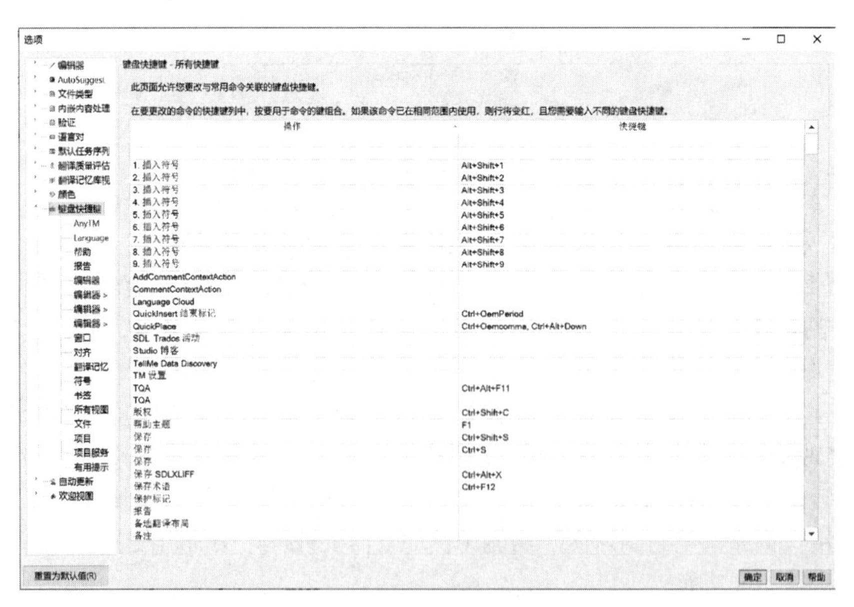

图 4–109　在 SDL Trados Studio 2019 中设置键盘快捷键

① BROCKMANN D. 使用 Tell Me 功能即时访问 SDL Trados Studio 2019 的所有设置和命令. https://www.sdltrados.cn/cn/blog/tell-me-sdl-trados-studio-2019.html

②使用 QuickPlace 处理非译元素、特殊格式、标签等

除了上文所展示的、类似于 Word 文档处理的必需功能，Trados 也有其独特的译文处理功能，如 QuickPlace（快速添加）。在图 4–105 中，我们可以看到原文中有数字、日期、缩写等存在通用译法的元素（如句段 2、6 中的内容），有自带格式的文字（颜色深浅不同），还有一些目前不知道用来做什么的“标签”。

数字、日期、缩写等元素在 Trados 中被称为 Placeable，即非译元素。后文在详细讲解翻译记忆库时，也将再次提到非译元素的识别——在翻译记忆库设置中，译者可以选择需要识别的元素。非译元素，顾名思义即“不需要操作者手动翻译的元素”，是 Trados 内部数据库中自带的，例如日期等，Trados 会根据目的语境，自动匹配通用翻译。译者也可以对非译元素进行设置（如图 4–110 所示）。

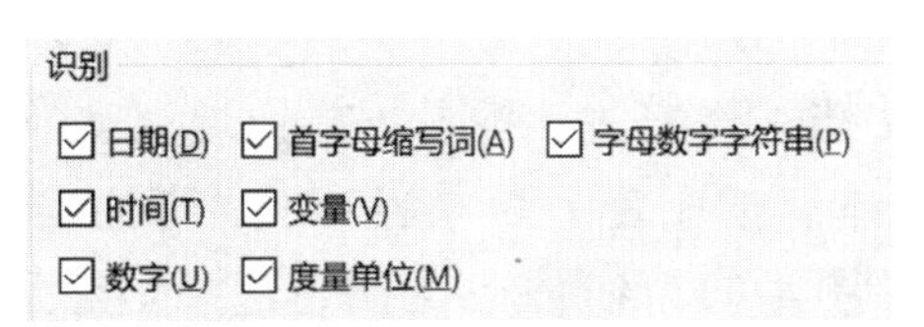

图 4–110　在 Trados 中设置需要识别的非译元素

在原文中识别的元素会以下划线的形式显示（图 4–111），而使用 QuickPlace 功能，可以快速翻译（如果是纯数字可以快速粘贴）这些内容。

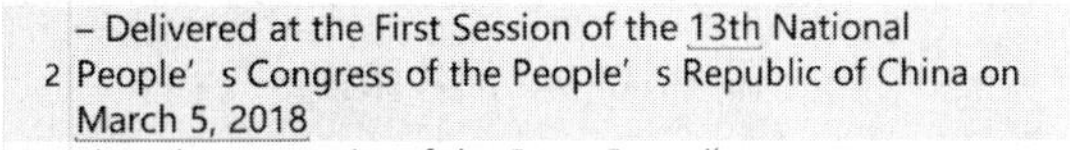

– Delivered at the First Session of the 13th National
2 People’s Congress of the People’s Republic of China on
March 5, 2018

图 4–111　在 Trados 中被自动识别的非译元素

可以通过以下三种方式快速添加非译元素的翻译：（1）右键单击译文句段，在菜单栏中选择 QuickPlace；（2）使用快捷键 Ctrl+ 逗号调出 QuickPlace 窗口（图 4–112–1）；（3）将光标置于译文中，按住 Ctrl 键（图 4–112–2），点击原文中需要翻译的非译元素后，对应的非译元素将被自动添加翻译至译文栏的光标处（图 4–112–3）。第三种方式的操作最便利。

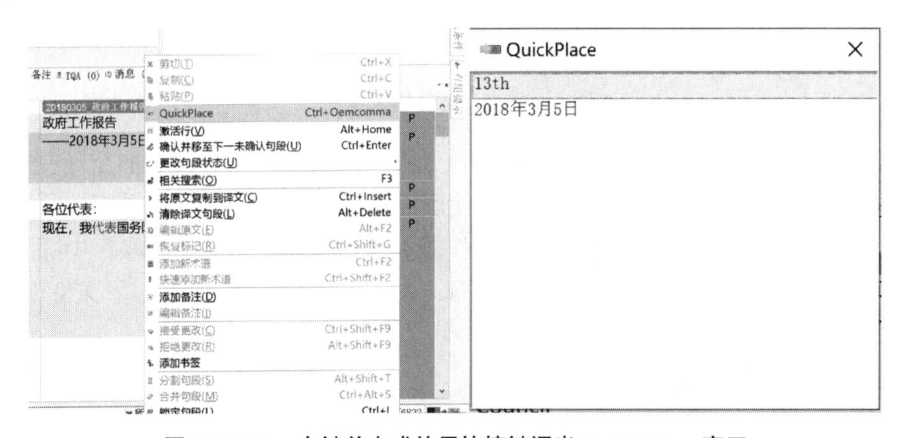

图 4–112–1　右键单击或使用快捷键调出 QuickPlace 窗口

图 4–112–2　在译文处按住 Ctrl 可以看到被翻译的非译元素呈现在列表中

图 4–112–3　选择自己所需的文案，自动添加在光标位置

使用 QuickPlace 也可以给译文添加与原文相同的特殊格式。比如原文中有不同颜色的字体，可以选择译文中需要更改格式的内容，通过如上三种方式，给选定内容添加格式。

不同于传统的 Word 文档工作模式，标签（Tag）是 CAT 软件特有的概念，用来标记一些带有特定属性的文本，如图片（图 4–113–1）、脚注（图 4–113–2）、超链接（图 4–113–3）、其他特殊格式（图 4–113–4）等。为防止这些元素丢失，Trados 默认要求将所有原文出现的标签添加至译文中。有的标记是成对出现的，需要闭合，不可更换顺序，不可删除其中一边（如不小心删除译文中的标签导致生成“幽灵标签”，可右键点击该标签，选择恢复）。

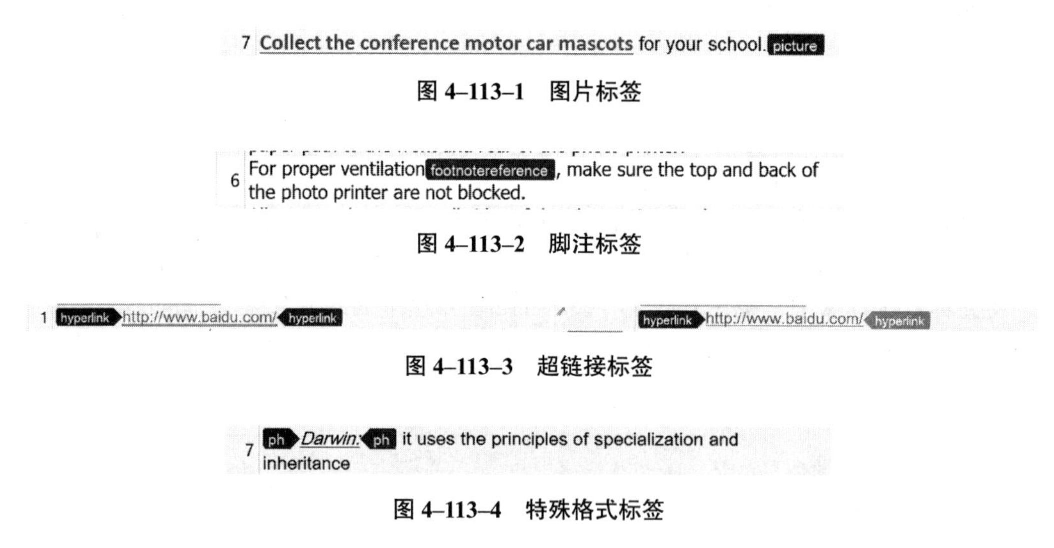

图 4–113–1　图片标签

图 4–113–2　脚注标签

图 4–113–3　超链接标签

图 4–113–4　特殊格式标签

总的来讲，按住 Ctrl 键再点击原文的非译元素、格式、标签将其添加至译文中是本书编者认为最便捷的方式，用户可以根据个人使用习惯进行选择。

上文提及的编辑器中的功能能为翻译工作提供帮助，同学们需要在操作中熟悉这些功能。但使用 Trados 的核心在于使用翻译记忆库、术语库、机器翻译引擎，下文将逐一介绍。

4.2.3 使用翻译记忆库

在翻译过程中，译者经常需要查询双语平行语料，学习语境中的翻译。在有 TM 作为参考的情况下，使用 Trados 是非常方便的。Trados 编辑器中对于 TM 的运用核心就在于搜索和提供翻译结果建议。

使用相关搜索（Concordance Search）功能，可以在翻译记忆库中选定并搜索原文 / 译文中出现过的内容，查阅不同语境下的翻译方式（图 4–114）。

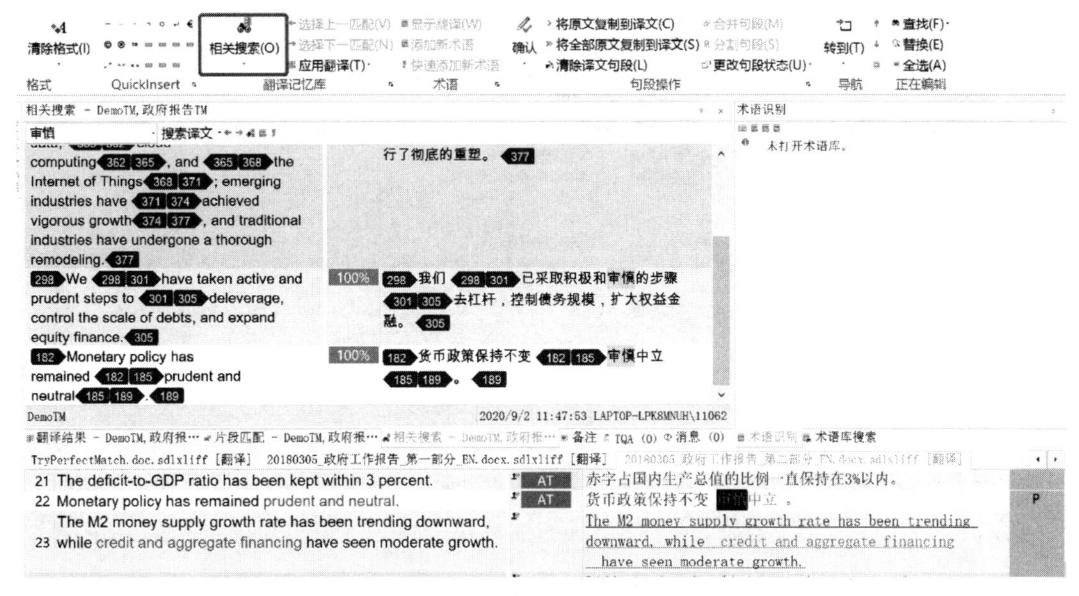

图 4–114　在翻译过程中使用“相关搜索”查询记忆库中内容

相关搜索呈现出的内容不一定与搜索内容完全一致，可以在项目设置选项中更改翻译记忆库的最低匹配率（图 4–115）。比如搜索“审慎中立”这个词，如果最低匹配率不高，“审慎”可能会出现在搜索结果中（图 4–116）。

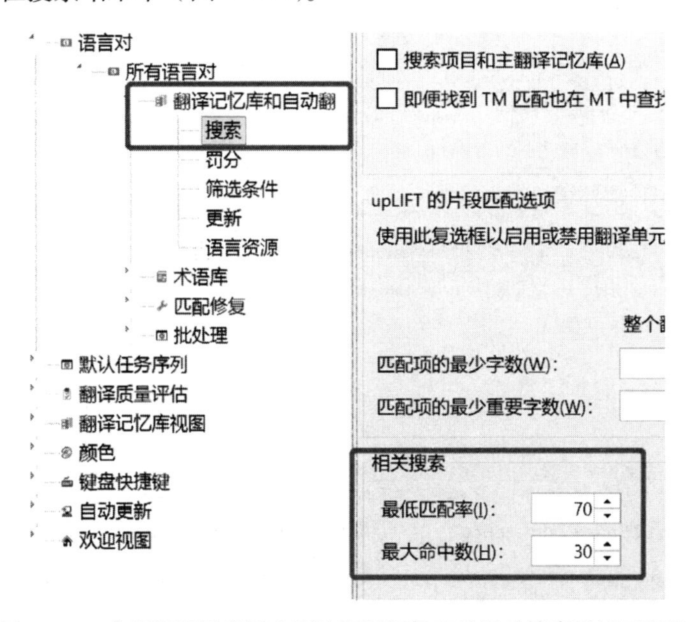

图 4–115　在翻译项目设置中更改翻译记忆库的相关搜索最低匹配率

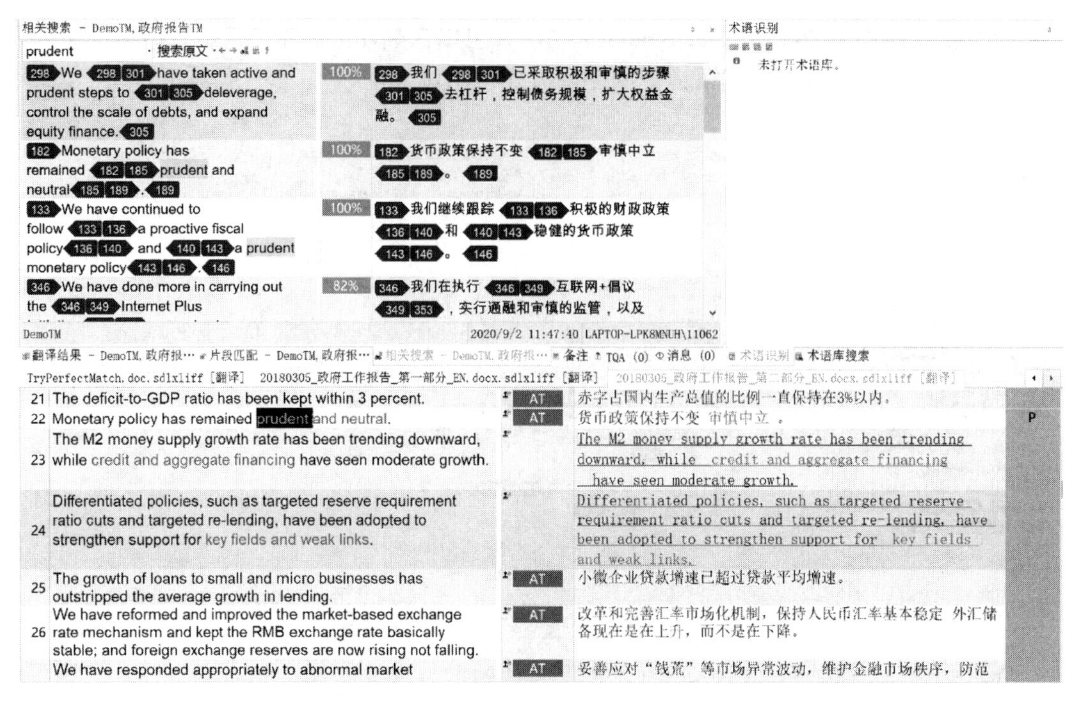

图 4–116　在翻译过程中使用“相关搜索”后展示记忆库中结果

除了在翻译记忆库中搜索自己所需的内容，译者也可以使用记忆库建议的翻译。当TM中有多个双语平行句段与待译文本类似（即模糊匹配），TM将按照匹配值由高至低自动列出这些内容（图4–117）。译者可以根据需求选择，点击应用翻译，将译文添加至工作区，再根据需要进行修改。

图 4–117　应用模糊匹配值高的翻译记忆到译文中

4.2.4 使用术语库

除了翻译记忆库，在执行非文学翻译过程中，我们也经常会使用到术语库。在创建项目的过程中，我们已经创建 / 添加了术语库，所以可以在术语结果窗口看到相应的术语信息。与“非译元素”类似，将光标置于译文句段时，如果原文中存在已存储术语，Trados 会自动识别术语，让术语以上划线的形式呈现在原文中，同时，在术语识别窗口也可以看到该句段的术语列表（如图 4–118 所示）。

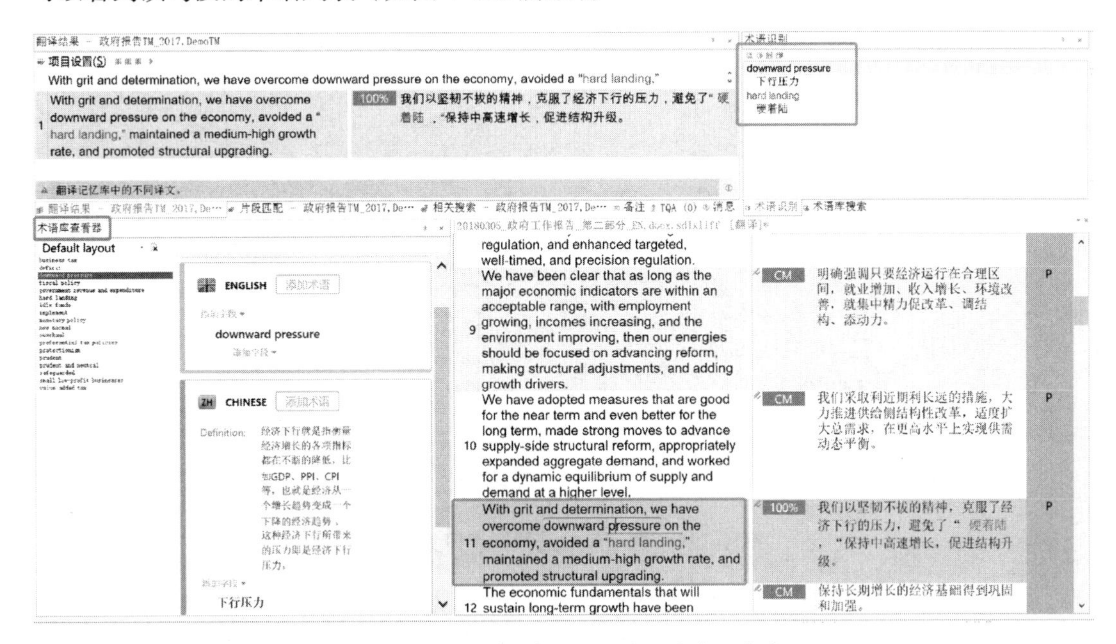

图 4–118　术语识别窗口显示术语库中已有术语

术语识别窗口上的四个功能键依次是：“查看项目详情”“插入术语翻译”“结果列表设置”“项目术语库设置”（如图 4–119 所示）。点击“查看项目详情”，即可在编辑界面打开术语库，查阅库内的详细信息、编辑 / 删除术语词条。选择某个翻译，再点击插入术语翻译，即可将翻译插入译文编辑界面；或者可以通过双击添加术语翻译到译文编辑界面。通过结果列表设置（图 4–120）可以更改术语识别界面呈现的术语排版，功能较简单、直观，大家可按需设置，故在此不做介绍。通过点击项目术语库设置按键，可以打开项目中的术语库设置界面，进行相关操作。

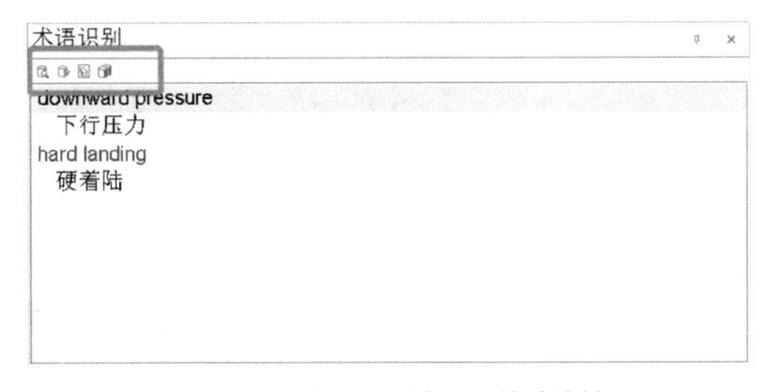

图 4–119　术语识别窗口上的功能键

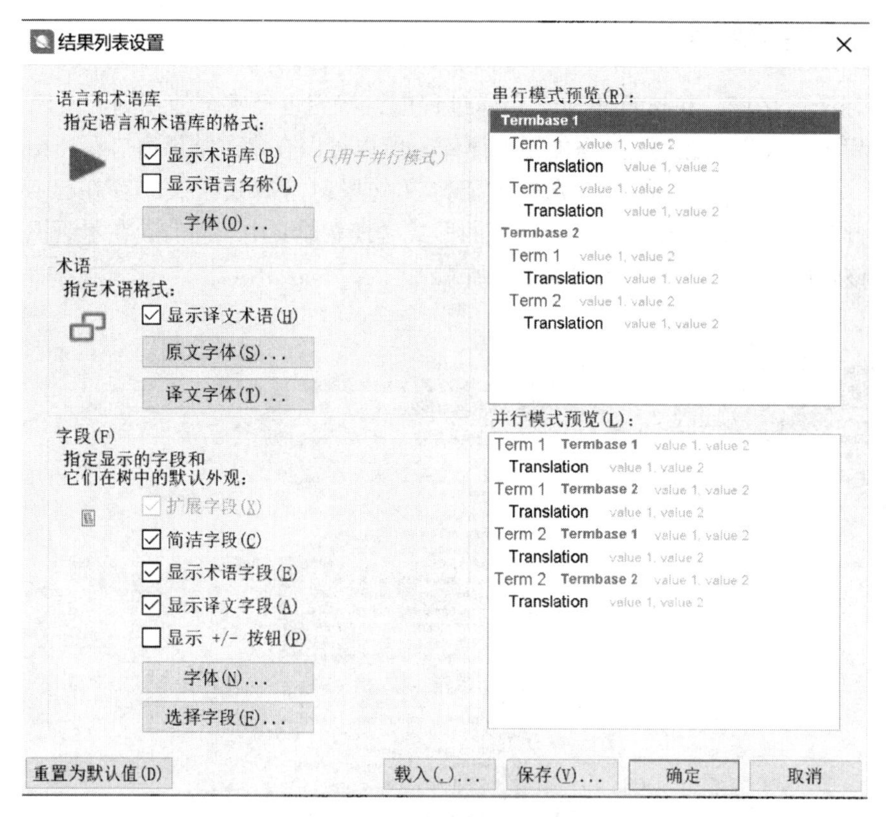

图 4–120 术语库的结果列表设置界面

除了使用窗口上的功能按键添加术语翻译，还可以使用菜单栏上的按键（图 4–121）显示句段中的术语，并双击以添加所需译文。显示可应用术语列表的默认快捷键是 Ctrl+Shift+L（如图 4–122 所示）。

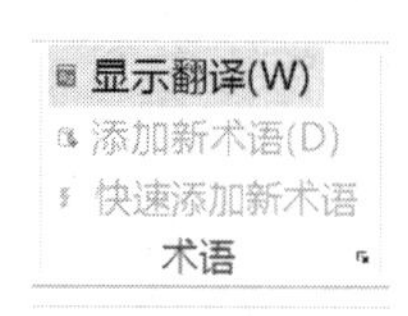

图 4–121 在菜单栏中控制术语显示在翻译界面中的按键

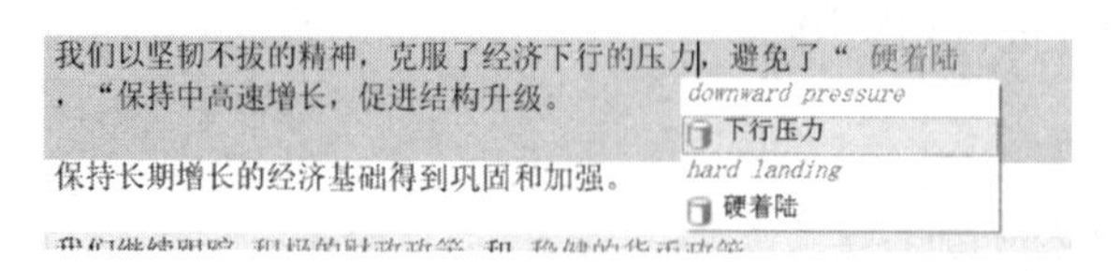

图 4–122 使用快捷键 Ctrl+Shift+L 可以快速调出可应用术语列表

有些时候，我们会在翻译的过程中添加新出现（并未在术语库中）的术语。高亮选定原文中的术语，再选定译文中的对应翻译，点击菜单中的添加新术语 / 快速添加新术语，或在右键功能列表中选择该功能（图 4–123）。使用相应的键盘快捷键也非常便捷。译者可以在术语查看器中编辑添加好的术语的所需属性，如添加定义、批注等。

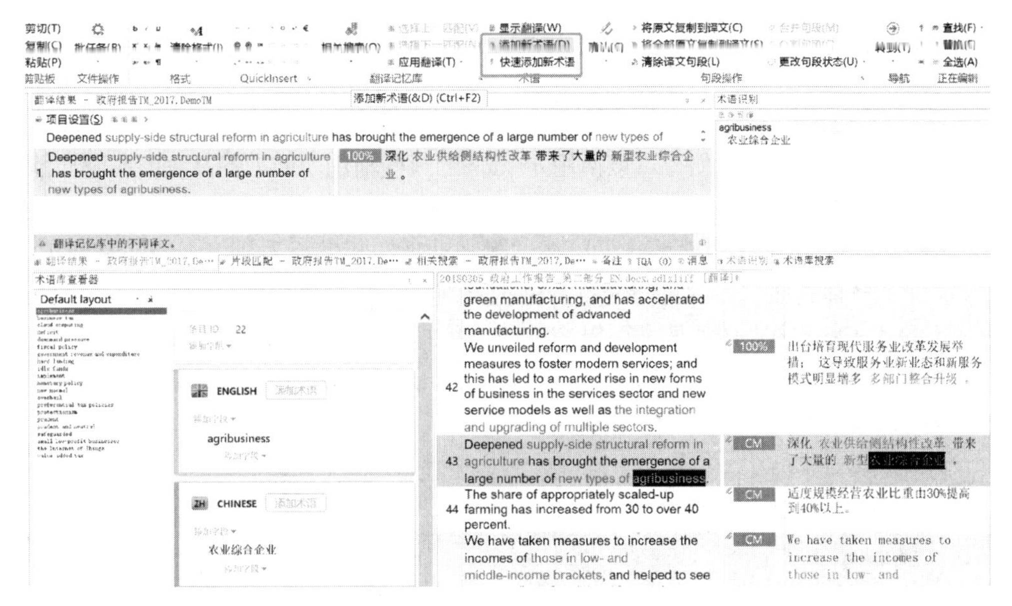

图 4–123　添加新术语到术语库

除了术语识别、添加及编辑术语，Trados 也支持直接在术语库中搜索内容。点击“术语库搜索”标签，键入想要搜索的内容即可。

4.2.5 使用辅助功能提高翻译能力

机器翻译插件的调用是 CAT 工具协助译者最常见的手段之一。较常用的 MT 插件有谷歌、微软、DeepL、百度、有道、小牛、Tmxmall 等，我们可以根据自己的习惯，选择可用的 API 集成到 Trados 中。前文介绍了如何在 Trados 中直接调用谷歌翻译的 API key，但没有展开讲解如何注册谷歌翻译的（付费）API 服务，下文将介绍其详细步骤。

（1）注册 Google Translate API

访问 Google API Console（https://console.developers.google.com/），在页面的左上角下拉框中，创建新项目。在菜单栏中间的搜索框中，搜索“Cloud Translation API”并访问此 API 页面，点击“启用”（图 4–124）。如前文所讲，翻译引擎的 API 服务大多需要付费。绑定好支付方式后，在跳转窗口内，点击“+ CREATE CREDENTIALS”（图 4–125），即可找到自己账号的 API key，将其粘贴到 Trados 中，即可正常使用。

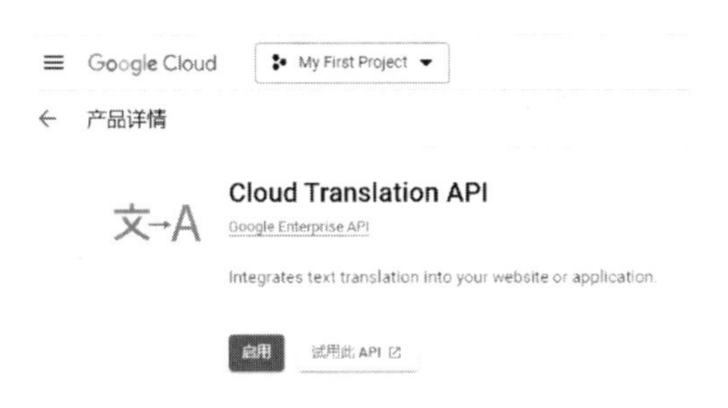

图 4–124　申请 Google Translate API 服务

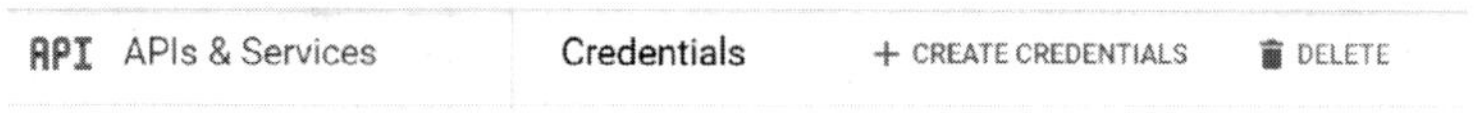

API APIs & Services　Credentials　+ CREATE CREDENTIALS　DELETE

图 4–125　创建 API 账号

除了机器翻译以外，我们也可以使用 Trados 的一些辅助功能来提高我们的翻译能力。

（2）使用网页检索插件 SearchOnWeb、Web Lookup

安装好 SearchOnWeb 插件后，可以在“附加功能”标签下看到 SearchOnWeb 功能按键。该插件支持译员在软件内部快速打开浏览器网页，直接执行搜索命令。SearchOnWeb Settings（图 4–126）中默认的搜索引擎是谷歌，我们可以根据个人使用习惯切换搜索引擎的地址（例如使用必应引擎，可以输入 https://cn.bing.com/search?q= ）。值得注意的是，切换引擎地址保留 /search?q= 查询命令。

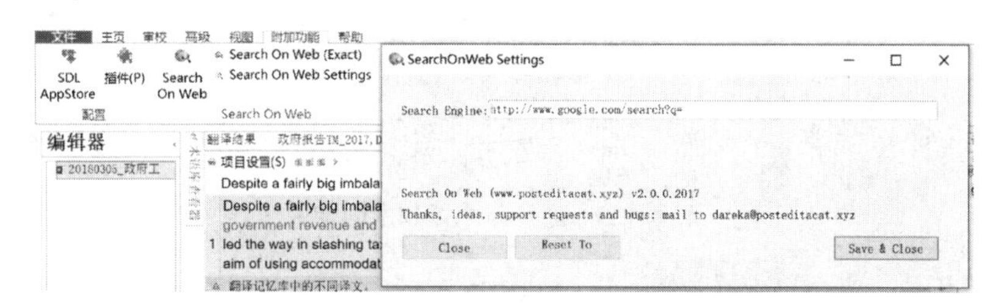

图 4–126　SearchOnWeb 插件设置

保存好配置后，可在 Trados 中运用网络检索功能。选定某个词条，通过使用“SearchOnWeb”或“SearchOnWeb(Exact)”进行检索，搜索时将自动弹出浏览器窗口。两者区别在于是否为 Exact Search（精确搜索）。通过图 4–127、图 4–128 我们可以看出，使用非精确搜索的查询词会被拆分，而使用精确搜索功能后，该内容自动加上了双引号，作为整体查询。我们可以根据实际需求选择查询方式。

图 4–127　SearchOnWeb 非精确搜索

图 4–128　SearchOnWeb 精确搜索

不同于上述插件，Web Lookup 插件支持在软件内部通过内置检索窗口查询内容。部署和设置流程与 SearchOnWeb 类似。

（3）ProjectTermExtract 术语提取插件

安装好 ProjectTermExtract 插件后，再次打开软件，在项目视图界面，右键单击项目，即可点击 Extract Project Terms 选项（图 4–129），点击后可看到图 4–130 所示的界面。点击"Extract Terms From Project"按键，可以看到 Project Terms Cloud 中初步提取的一些术语（图 4–131）。

名称　状态　到期日
项目 1
Sample Project
设置为活动(A)
查看项目文件(V)
批任务(B)
项目设置(S)
标记为完成(M)
恢复到进行中(V)
打开项目文件夹(F)　Ctrl+Alt+O
创建项目模板(C)
发布项目(H)
取消发布项目
创建项目文件包(P)
创建返回文件包(R)
从列表中删除(L)　Ctrl+Alt+F4
Extract Project Terms

图 4–129　插件安装成功后，右键单击项目即可提取项目术语

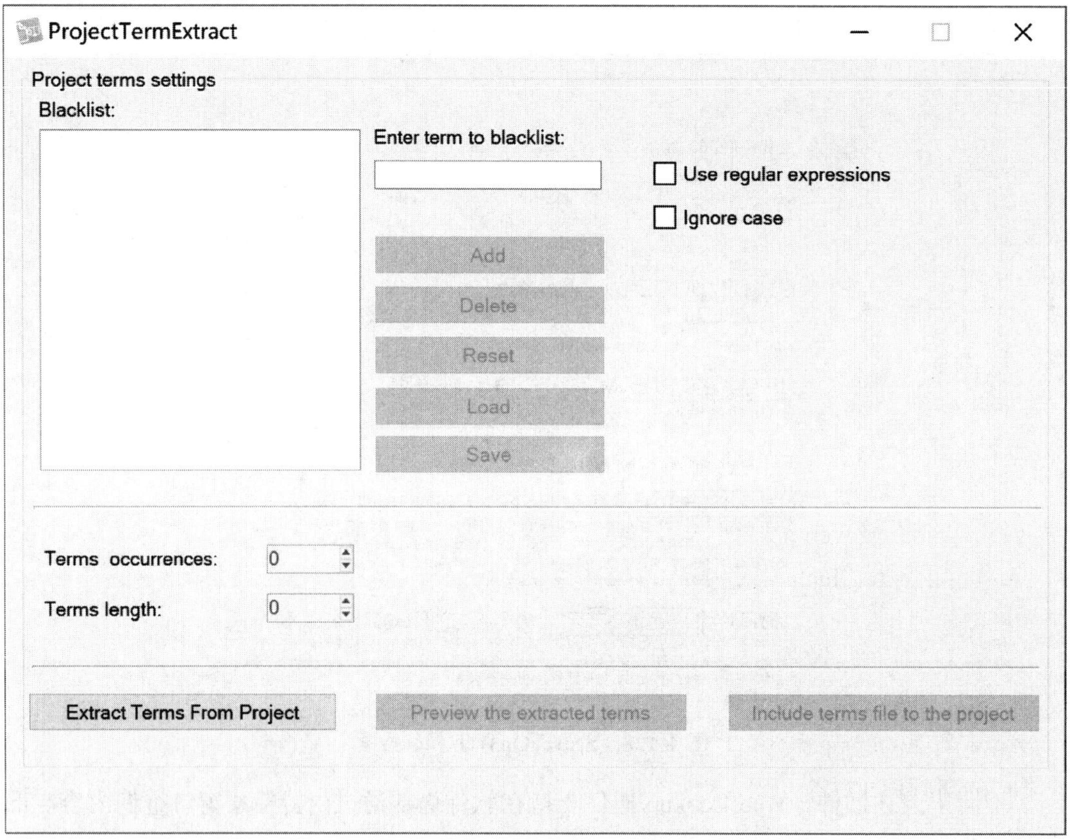

ProjectTermExtract

Project terms settings

Blacklist:

Enter term to blacklist:

Use regular expressions

Ignore case

Add

Delete

Reset

Load

Save

Terms occurrences: 0

Terms length: 0

Extract Terms From Project

Preview the extracted terms

Include terms file to the project

图 4–130　提取术语操作界面

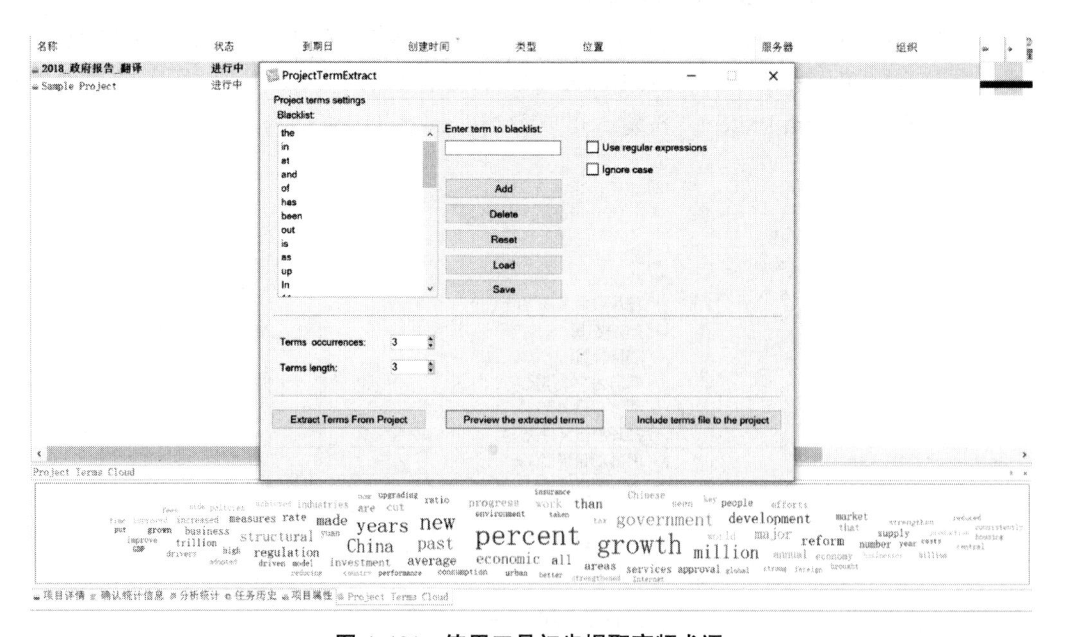

图 4–131　使用工具初步提取高频术语

该插件的原理与一般的术语提取软件相同，即自定义需求，根据词条出现的频率、长度进行筛选，同时排除停用词表，达到提取“术语”（实则高频词）的效果。我们可以在停用词表旁直接输入添加（也可直接用回车键添加）想要排除的词汇（如一些定冠词、方位词等），或进行删除、重置等操作，也可以从外部导入TXT 格式的停用词表，将已输入内容保存成本地文件。

如果我们想要使用正则表达式，勾选“Use regular expressions”选项后，可以在停用表内输入相应的表达，通过勾选“Ignore case”忽略大小写。

初步配置好停用词表后，可以通过“Terms occurrences”和“Terms length”自定义术语出现的最低频率和最短长度。也就是说，使用如图 4–131 所示的参数设置，提取的术语出现频率≥ 3 次，长度≥ 3 个字符。设置好后，点击“Preview the extracted terms”按键，即可在 Project Term Cloud 中预览所提取的高频词，如果发现仍有词条需要屏蔽，可以继续在停用词表中添加。

在图示的范例项目中，可以看出该项目中的政府报告文本的高频词大致为 percent、growth、China、government 等。如果决定采用提取结果，点击“Extract Terms From Project”，再点击“Include terms file to the project”，窗口将自动关闭，将提取的单语术语囊括进翻译项目。

现在我们可以打开项目，在项目文件列表中看到一个 xml.sdlxliff 格式的文件，该文件即为提取好的单语术语表。点开文件后，我们可以自行添加这些高频词汇的翻译，节省日后重复翻译的时间（图 4–132 中已经添加并确认部分内容。该图中示例的项目提取出符合要求的高频词 177 个）。

项目 1_2020_09_15_09_15.xml.sdlxliff [翻译]

153	cities	城市
154	prices	价格
155	old	旧的
156	done	
157	Plus	
158	Initiative	倡议
159	forms	形式
160	service	服务
161	share	共享
162	increase	增长
163	This	
164	were	
165	State	
166	Council	
167	Congress	
168	both	
169	Five	
170	Plan	
171	advances	
172	social	
173	contribution	贡献
174	rose	上升
175	every	每个
176	poverty	贫困
177	each	每个

图 4–132 为提取出的单语术语添加翻译

添加好术语库中的翻译后，再次回到文件界面，右键单击该 xml 文档，选择“Generate Termbase”，即可创建一个新术语库（图 4–133），添加至项目中，以供使用。术语库创建成功后会弹出如图 4–134 所示的提示框。

图 4–133　将提取的术语翻译好后，创建术语库

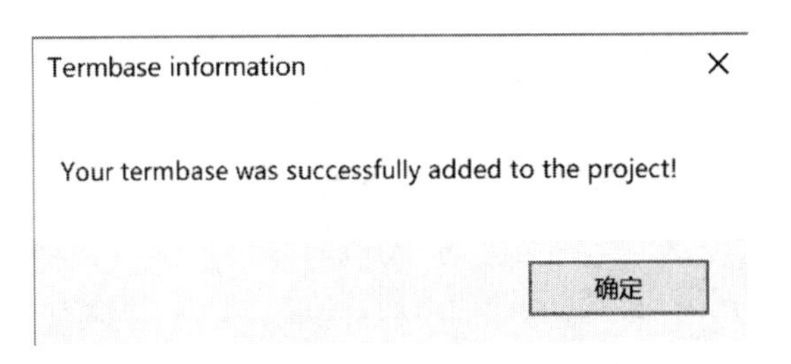

图 4–134　术语库创建成功后弹出的提示框

值得注意的是，使用插件“提取术语”，本质上只是提前处理了一些“高频词汇”，并不一定是传统意义上翻译专业文本时用到的“行业术语”。术语库的处理和维护在当前仍然是非常耗费精力并依赖专业能力的工作，所以我们在翻译工作中可以有意识地积累所学所用的术语，搭建极具价值的个人语料库。

4.3 memoQ 使用实践

提起计算机辅助翻译，相信大多数语言学习者首先想到的是 Trados。的确，SDL Trados Studio 是全球应用最广的计算机辅助翻译软件，占有全球最大的市场份额。但大数据时代也是计算机辅助翻译软件百花齐放的时代，国内外涌现出多款计算机辅助翻译软件，

memoQ 是其中的佼佼者。根据 *GAT tools 2023：an industry report*，目前，memoQ 全球市场占有率第二、欧洲市场占有率第一。中国翻译协会和中国翻译研究院发布的《2016 中国语言服务行业发展报告》显示，在使用计算机辅助翻译工具的语言服务企业中，memoQ 以 56.8% 的使用率排名第二。因此，学生译者非常有必要掌握这款软件。memoQ 界面友好，操作简单，将翻译编辑模块、翻译记忆库模块和术语库模块统一集成到一个系统之中，给学习者，尤其是初学者带来了极大便利。这也是 memoQ 发展势头迅猛，短期内成为仅次于 Trados 的主流计算机辅助翻译软件的重要原因之一。memoQ 和 Trados 有很多相似之处。本部分我们一起探索如何使用 memoQ。

4.3.1 memoQ 简介

memoQ 是一款主流 CAT 工具，为全球化企业提供了世界领先的翻译环境，是卓越的全球化翻译管理系统。它是 memoQ 翻译技术公司开发的一款创新型计算机辅助翻译软件，可提高翻译人员、语言服务提供商、企业的翻译生产率和翻译质量。

memoQ 曾荣获多项世界认可的软件设计奖，在国际上享有盛誉，包括但不限于英国权威翻译组织 Institute of Translation and Interpreting（ITI）颁发的“最佳软件公司奖”（Best Software Company Award）、欧洲多语科技联盟 META（Multilingual Europe Technology Alliance）授予的权威认证，并于 2013 年被德勤评为欧洲、中东、非洲（EMEA）三个区域内“增长最快的科技公司 500 强”（Technology Fast 500TM）（图 4–135）。

图 4–135 memoQ 所获荣誉

2020 年 3 月，专注于研究翻译和本地化行业的专业团队 Nimdzi Insights 深度分析行业动向，采访了来自世界各地的本地化专家，邀请他们分享对翻译管理系统前景的看法。翻译管理系统提供从翻译项目前期准备到截稿的全流程、全方位管理，充分利用资源库和使用多种翻译方法，满足项目参与者及人员管理者的需求。Nimdzi 调研专家小组根据搜集到的资料得出初步结论，关于翻译管理系统，本地化专家提及 memoQ 的频率最高，一定程度上说明 memoQ 广受认可（图 4–136）。而根据中国外文局、中国翻译协会发布的《2018 中国语言服务行业发展报告》，在受调的诸多语言服务企业使用的翻译技术工具中，翻译管理工具（即翻译管理系统）关注率为 42.8%，略高于 CAT 工具（40%）和搜索引擎（40%），位居第一。

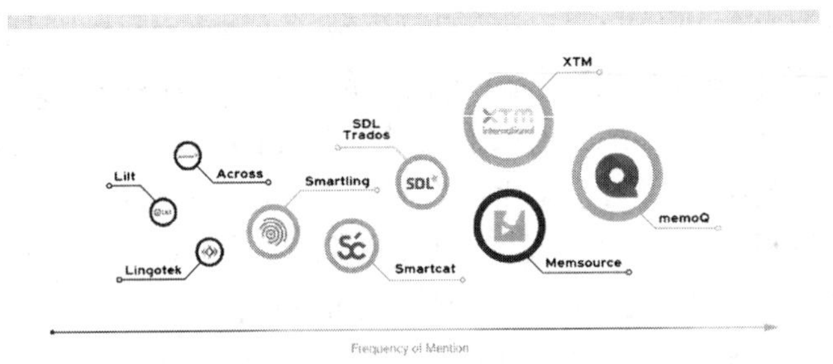

图 4–136　翻译管理系统提及度及认可度

资料来源：https://www.nimdzi.com/the-tms-arena-nimdzi-finger-food/。

4.3.2 memoQ 界面介绍

memoQ 软件界面以深蓝色色调为主，功能分配逻辑清晰（图 4–137）。进入软件界面即可阅览翻译项目列表，并可直接拖拽文档进入软件进行操作，或通过功能按键创建项目、接收服务器项目等。在翻译项目中，用户可以查看概览、翻译、人员、语料库、翻译记忆库、术语库、片段提示、设置等多个视图（图 4–138），遵循译者与项目经理的使用逻辑，简单易上手。

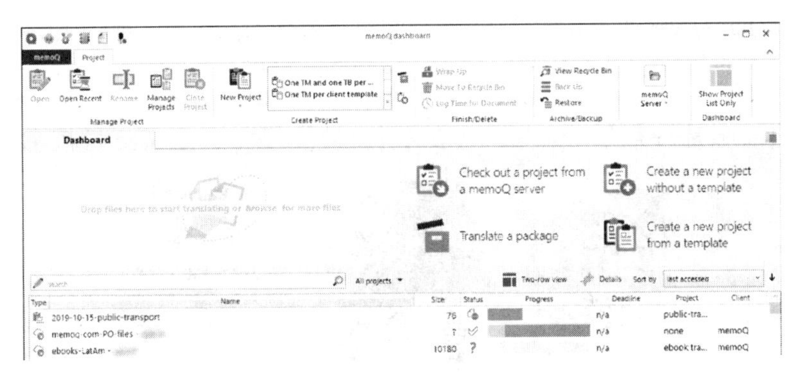

图 4–137　memoQ 操作界面

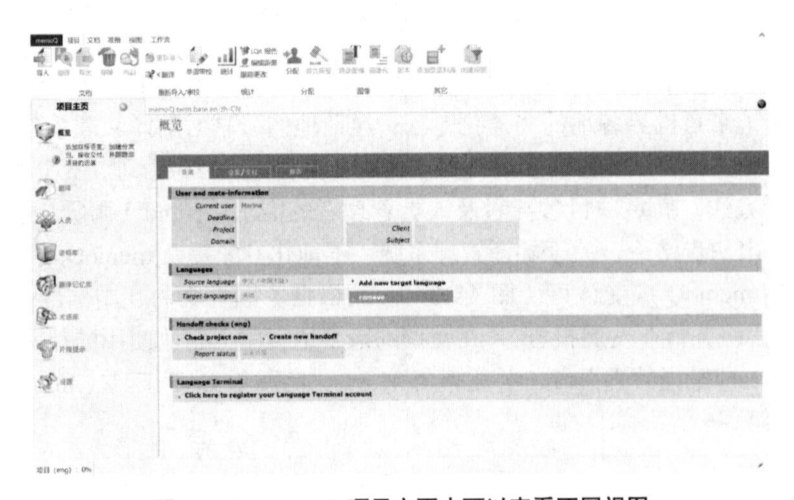

图 4–138　memoQ 项目主页中可以查看不同视图

不管翻译任务的大小，做翻译任务其实都是在“完成项目”。每次使用软件进行翻译时，我们需要新建翻译项目（图 4–139）——CAT 软件的功能始终是围绕着开展翻译项目进行的。

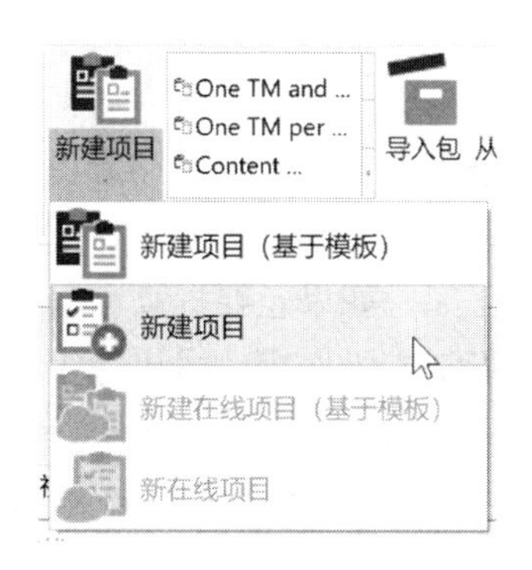

图 4–139 memoQ 新建翻译项目

学习 Trados 的过程中，我们反复提到译前、译中、译后三个流程（可参见图 4–140 所示的流程导图）。我们曾强调 CAT 软件对数据的依赖性以及翻译前期准备的重要性，如果是个人独立项目，译文风格及术语翻译的统一相对容易（独立翻译更容易在工作流程中随时调节），译前准备可能不会像大型项目那样大费周章。但为了更顺利地开展翻译工作，适当的准备还是很有必要的。除此之外，翻译后的总结与整理也有助于我们更好地完成工作。

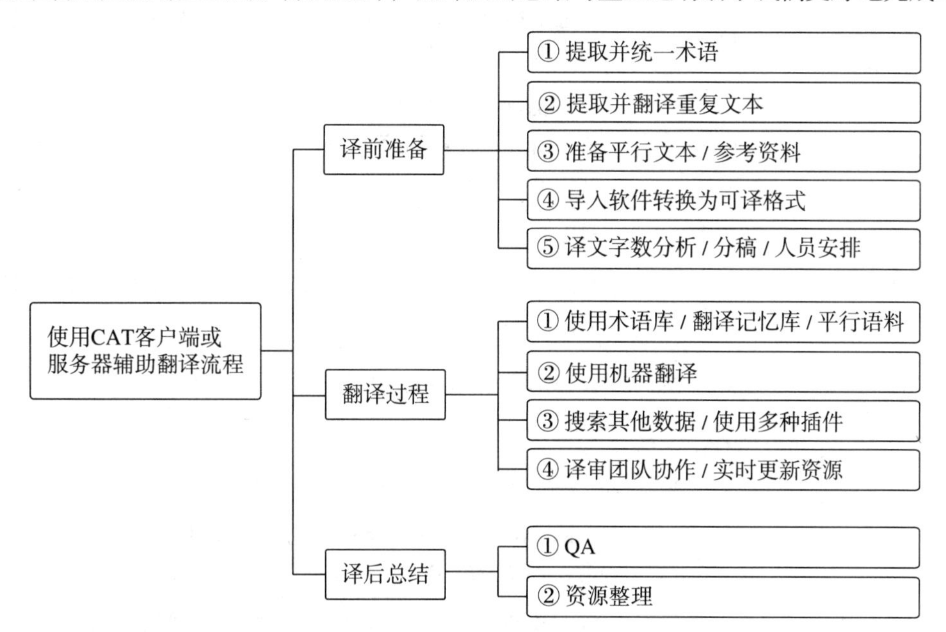

图 4–140 使用 CAT 工具辅助翻译的流程导图

本章节将继续按照译前、译中和译后的逻辑，介绍如何使用 memoQ 辅助译者的翻译工作全流程。CAT 技术的核心在于依托数据与协作提高译者的生产力。“数据”指在一个界面调用多种数据，包括但不限于重复使用翻译记忆库 / 术语库 / 机器翻译等；“协作”指使用项目管理功能或服务器平台，提高团队翻译的效率与便捷性。

4.3.3 译前准备与项目创建

（1）翻译资源获取与准备

作为翻译人员，在翻译项目中可以使用已有的、可参考的资源。尤其是对于技术性较强、需要统一术语的项目，使用已有资源就更重要。通常情况下，项目经理会提前分享翻译风格指南、实时更新的在线术语表等，为项目参与者提供便利。如果项目情况允许，译者也有使用翻译记忆库的权限。但身为非职业化的翻译学员或者翻译爱好者，需要在翻译某个文档前自行解决资源问题。比如，如果想要提高自身的翻译效率，可以提取重复的句子提前翻译；或将高频出现的词汇制成可使用的术语库等；也可以查找可用的平行语料库资源，将其对齐后生成翻译记忆库，然后在项目中使用。

前面我们已介绍过 CAT 技术的相关概念，翻译项目中可用的几种数据库格式见表 4–1：

表 4–1 翻译项目中可用的几种数据库格式一览表

导入文件类型（Trados/memoQ 支持的文件类型）	文件拓展名（可以在项目设置–文件类型里查看）	详细描述
翻译记忆库	SDLTM	SDL Translation Memory：翻译记忆库文件格式用于承载 TMX
	TMX	Translation Memory Exchange：翻译记忆库的内部数据存储格式即双语对照平行句对的数据
	CSV	Comma-Separated Values：逗号分隔值，有时也称为字符分隔值（因为分隔字符也可以不是逗号），以纯文本形式存储表格数据（数字和文本）
术语库	SDLTB	SDL TermBase：术语库文件格式，用于承载 TBX
	TBX	TermBase Exchange：术语库的内部数据存储格式即术语词条的数据
	XLSX/XLS	Excel 文档存储数据的文件格式
语料库–广义的概念	可以指术语库和翻译记忆库的格式	
	XML	Extensive markup language：一种存储数据的编程语言，提取术语数据时 / 重复内容时所用的存储数据的格式
双语对照平行文本	sdlxliff	SDL Trados 使用的、编辑过程中的双语对照平行文本格式，即在 Trados 编辑界面内可以打开、查看的双语对照文本
	xliff	通用的双语对照平行文本格式

不管是预先提取术语还是整理对齐翻译术语库和记忆库，都需要借助 CAT 软件辅助这些流程；这并不意味着每一次翻译都需要进行详细的译前准备，甚至大多数情况下，译

者做翻译都是“上手就来”，多是一边翻译一边发现问题并解决问题。但哪种方式更高效，需要译者根据自己的经验及习惯进行摸索、定夺。

（2）新建或接收翻译项目

memoQ 创建项目的逻辑与 Trados 非常相似，如果可以熟练掌握 Trados，那基本上可以很快掌握 memoQ。在软件界面上端的菜单栏里，点击“新建项目”，就可以创建新的翻译项目了（图 4–141）。创建翻译项目的流程包括：编辑项目信息（图 4–142）、导入原文文件（图 4–143，导入原文文件时可设置断句规则，图 4–144）、创建翻译记忆库（图 4–145、图 4–146）、术语库（图 4–147、图 4–148）。创建好翻译项目后，我们可以在 memoQ 的翻译功能模块（类似于 Trados 的项目视图）中打开文件进行翻译（图 4–149）。与 Trados 相似，除了创建翻译项目外，在 memoQ 中，我们也可以通过拖放单个文件到软件窗口的形式，快速创建 / 打开文档进行翻译。

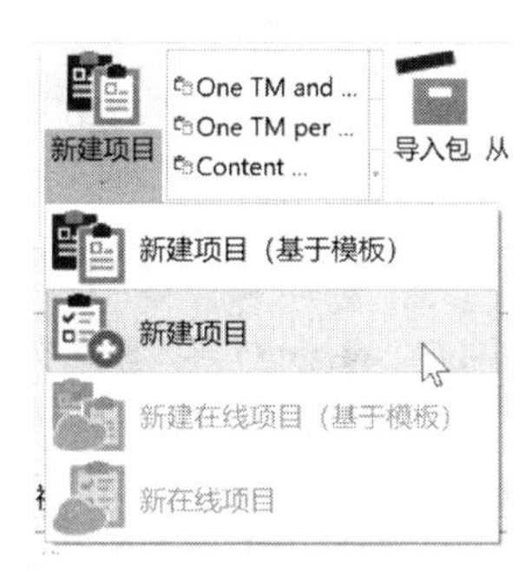

图 4–141　新建项目

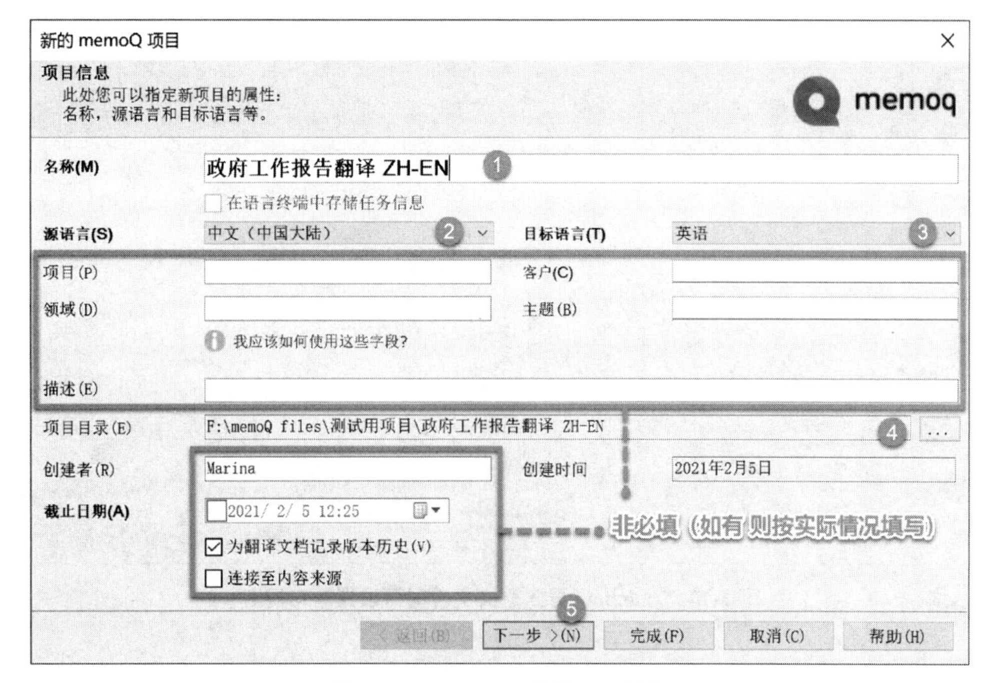

图 4–142　memoQ 编辑项目信息

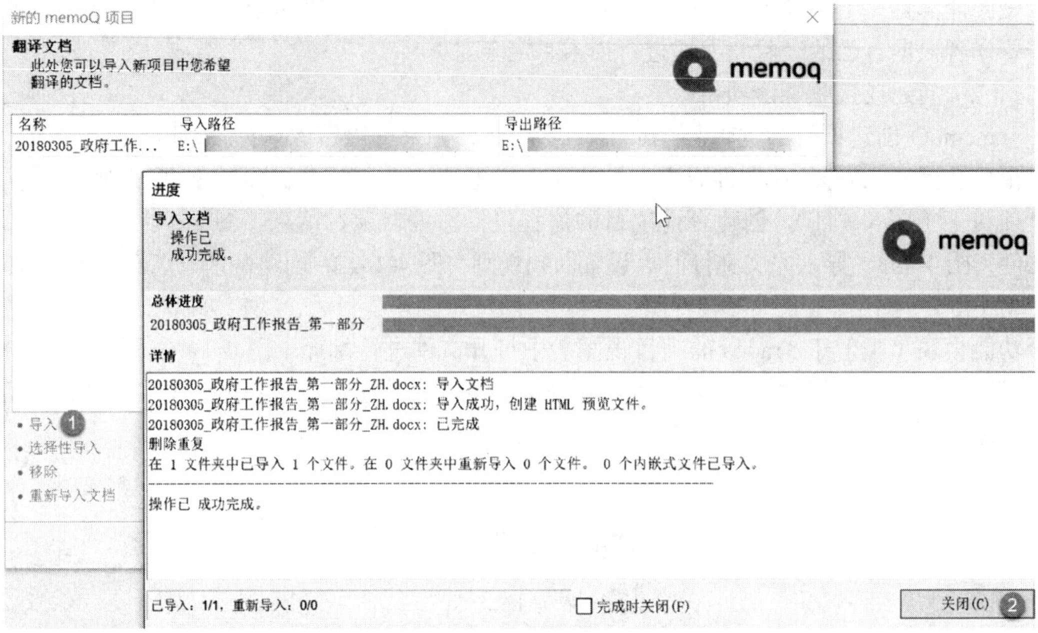

新的 memoQ 项目

翻译文档

此处您可以导入新项目中您希望翻译的文档。

memoq

名称	导入路径	导出路径
20180305_政府工作...	E:\	E:\

- 导入 1
- 选择性导入
- 移除
- 重新导入文档

进度

导入文档

操作已
成功完成。

memoq

总体进度

20180305_政府工作报告_第一部分

详情

20180305_政府工作报告_第一部分_ZH.docx: 导入文档
20180305_政府工作报告_第一部分_ZH.docx: 导入成功，创建 HTML 预览文件。
20180305_政府工作报告_第一部分_ZH.docx: 已完成
删除重复
在 1 文件夹中已导入 1 个文件。在 0 文件夹中重新导入 0 个文件。 0 个内嵌式文件已导入。

操作已 成功完成。

已导入：1/1，重新导入：0/0　☐ 完成时关闭(F)　关闭(C) 2

图 4–143　memoQ 导入原文文件

文档导入选项

文档:　收起全部　更改视图

☑	文件名	扩展	过滤器和配置	操作和语言
☑	1 DOCX 文件	.docx	默认 Microsoft Word 过滤器	导入为新 (eng)
☑	20180305_政府工作报告_第二部分_ZH.docx	.docx	默认 Microsoft Word 过滤器	导入为新 (eng)

已选中1/1个文档:　更改过滤器和配置　更改操作和语言　移除

新文档

☑ 创建预览　☑ 记录版本历史　☑ 导入嵌入对象　☐ 导入嵌入图像

确定　取消　帮助

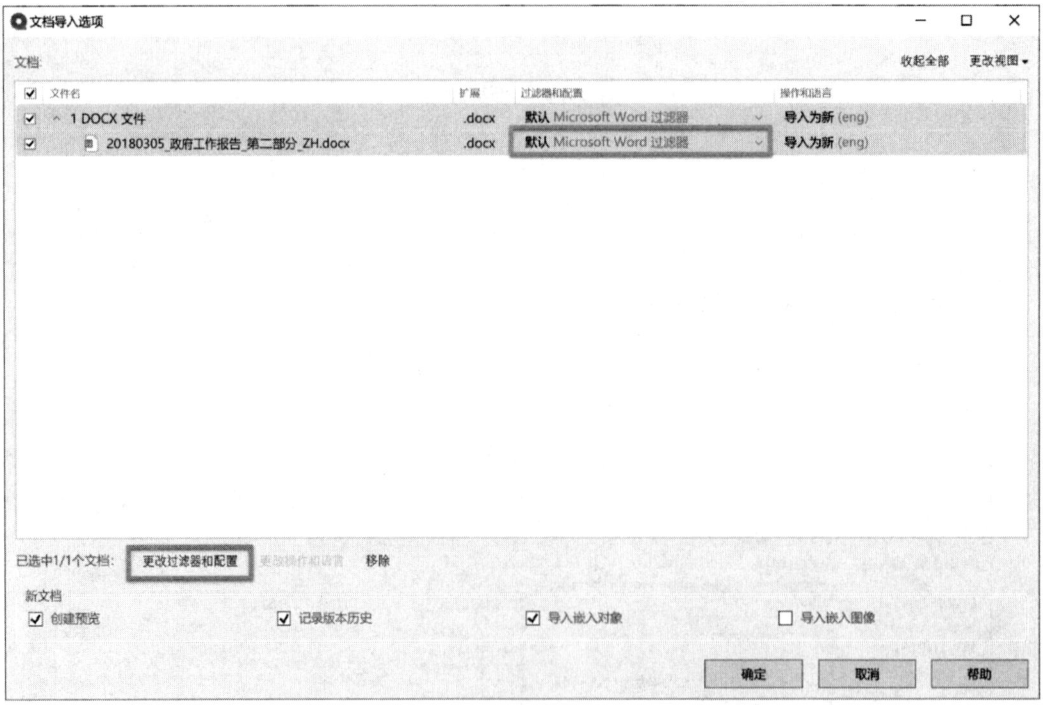

图 4–144　memoQ 导入原文文件时可设置断句规则

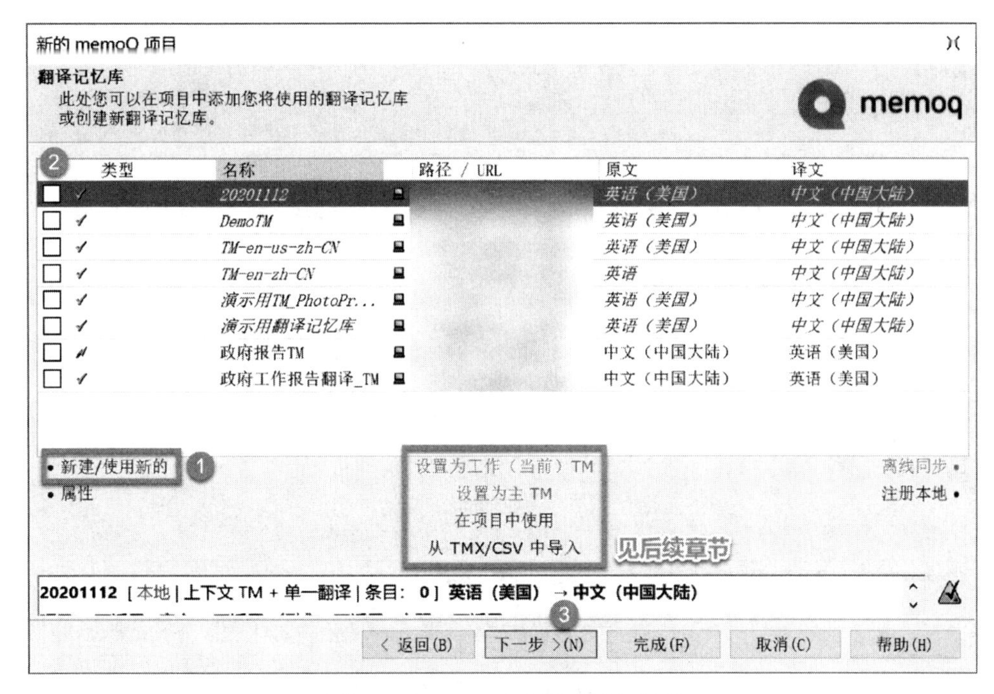

图 4–145 memoQ 创建翻译记忆库

图 4–146 memoQ 创建翻译记忆库时编辑具体信息

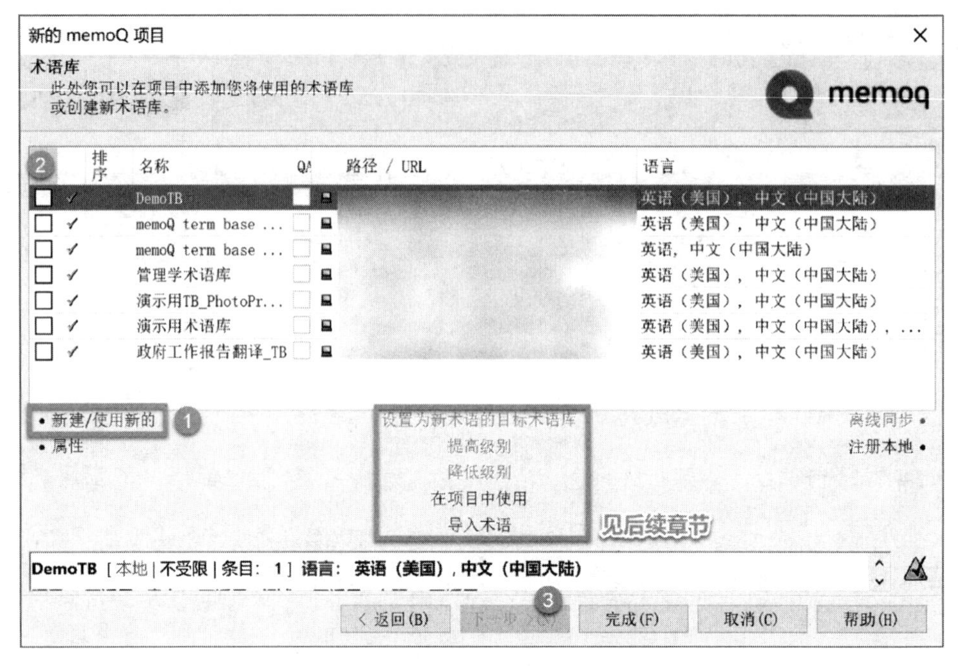

图 4–147　memoQ 创建术语库

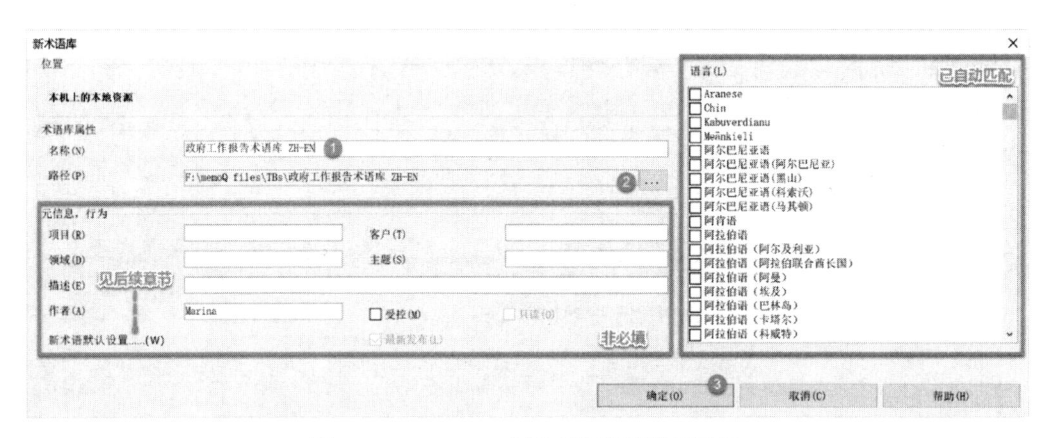

图 4–148　memoQ 创建术语库时编辑信息

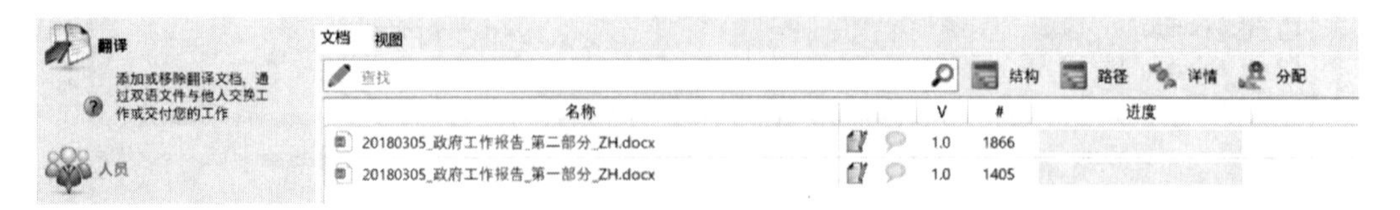

图 4–149　在翻译功能模块中可以打开文件进行翻译

memoQ 并不在新建项目的过程中添加机器翻译引擎。项目创建好后，可以通过点击 memoQ 窗口最顶端的快捷入口（图 4–150）资源控制台（Resource console）按键进入资源控制台界面（图 4–151），在左侧栏的下方，找到 MT Settings，在列表中选择“GoogleMT Machine Translation Plugin”并配置 API key（图 4–152）。

图 4–150　memoQ 窗口最顶端的快捷入口

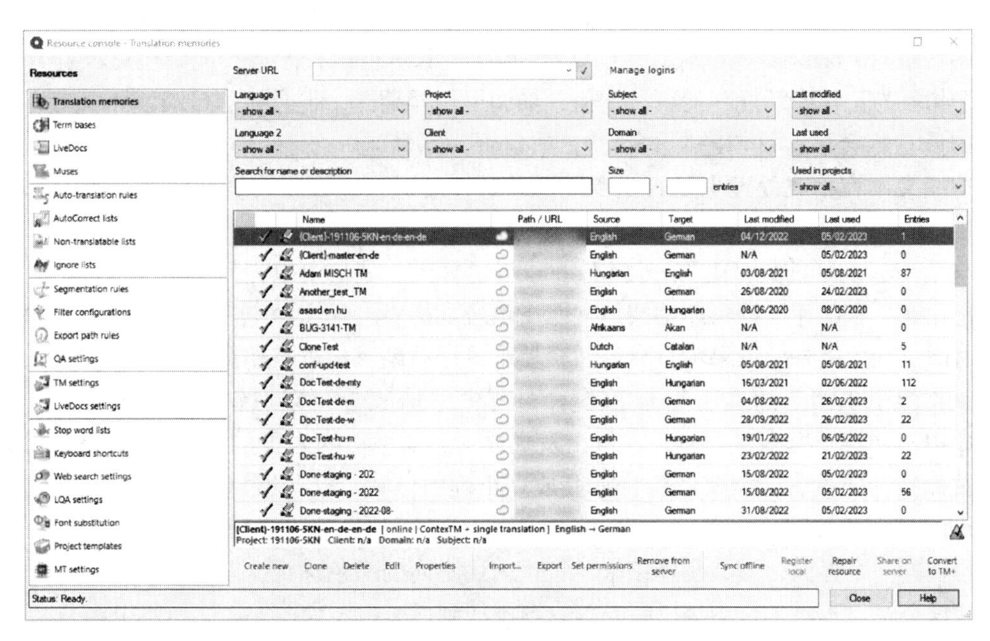

图 4–151　资源控制台界面

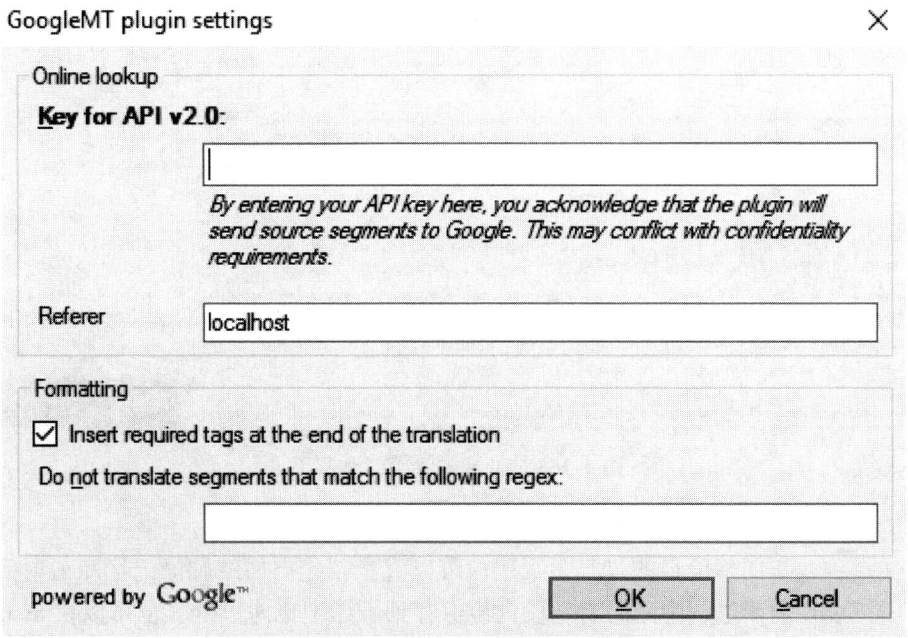

图 4–152　在 memoQ 中配置谷歌翻译 API

与 Trados 类似，除了创建翻译项目外，在 memoQ 中，用户也可以通过拖放单个文件到软件窗口的形式，快速创建 / 打开文档进行翻译。

4.3.4 翻译过程中使用翻译记忆库 / 术语库

（1）memoQ 翻译界面

在 memoQ 工作界面中，通常我们的翻译流程是在右侧译文栏逐句编辑、逐句确认。译文的状态有“未翻译”“草稿”“确认”“锁定”和“已审校”等，同时也可以查看到表示每个句段与记忆库匹配度的百分比值，如调用机器翻译，也会显示自动翻译状态。在编辑器的最右侧会显示每句译文的属性，如是否为“标题”“表头”“链接”等；为了及时了解这些文本在格式处理上是否出现问题，可以通过预览键实时查看译文呈现。这些与 Trados 中的操作都大同小异。

与 Trados 的译前处理类似，使用 memoQ 翻译前，我们可以先使用其预翻译功能，将翻译记忆库、术语库、语料库中与原文匹配值较高的对应译文填充进翻译项目，节省手动操作时间。除此之外，如果项目允许做机器翻译译后编辑，可以使用预翻译功能填充机器翻译（类似于 Trados 的批任务）。在翻译过程中，memoQ 可以识别原文是否出现在翻译记忆库中，并给予模糊匹配值，也可以发现原文中与术语库匹配的术语条目。memoQ 还存在“标签”的概念，需要译者将标签放在正确的位置。这些特性均与 Trados 类似。但与 Trados 略有不同的是，在 memoQ 中，术语、翻译记忆、机器翻译这几类辅助结果，都会展示在同一个界面，即“翻译结果”栏，采用不同的颜色标识。双击该条目，即可把所需的翻译记忆、术语、机器翻译结果等内容添加到译文中（如图 4–153 所示）。

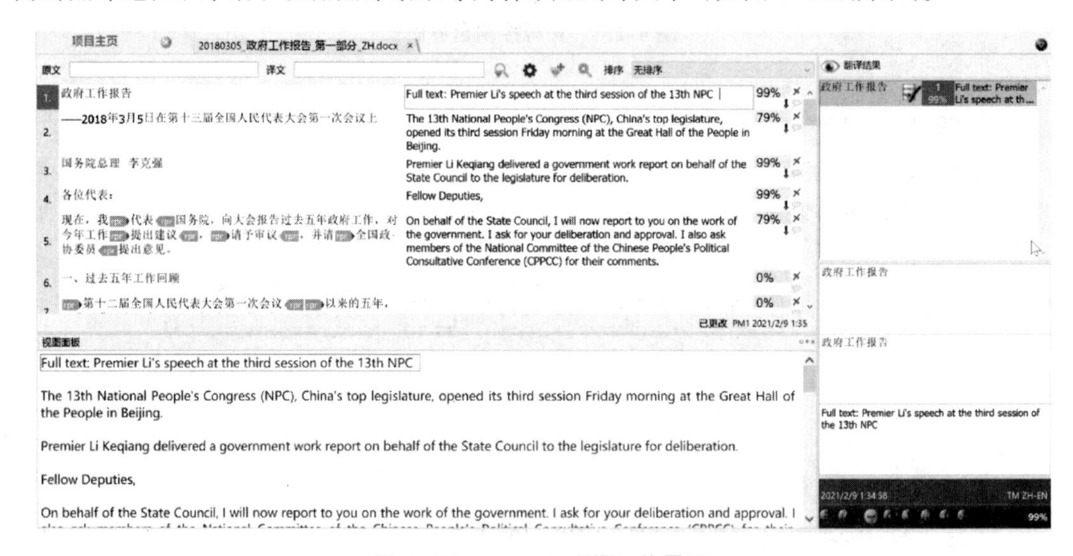

图 4–153　memoQ 翻译工作界面

（2）使用翻译记忆库

前文提到，在创建项目的过程中，用户可以直接创建空白的翻译记忆库为项目所用。我们除了可以在翻译过程中随时将句段内容保存到翻译记忆库以外，也可以在 memoQ 的翻译记忆库视图中，调整记忆库设置、导入翻译记忆库素材等。在翻译记忆库设置界面，我们可以调整翻译记忆库的模糊匹配比例，也可以设置是否允许一句原文对应多个译文等（如多位译者保存多次，所有结果保留）（图 4–154）。

图 4–154　翻译记忆库可允许包含多个译文，也可设置有无上下文

常见的翻译记忆库的数据存储格式为 TMX、CSV 以及 SDLTM（Trados 的翻译记忆库格式）等，我们可以从一些公开的语料平台获取翻译记忆库双语平行文档（图 4–155），或者使用对齐工具将已有的原文与译文处理成句句对应的双语文件。在 memoQ 翻译记忆库视图下，右键单击某个需要导入内容的翻译记忆库，选择“导入”，即可将双语内容导入进去。导入成功后，我们可以在弹窗中看到成功导入的翻译记忆库条目数（句段数）（图 4–156）。

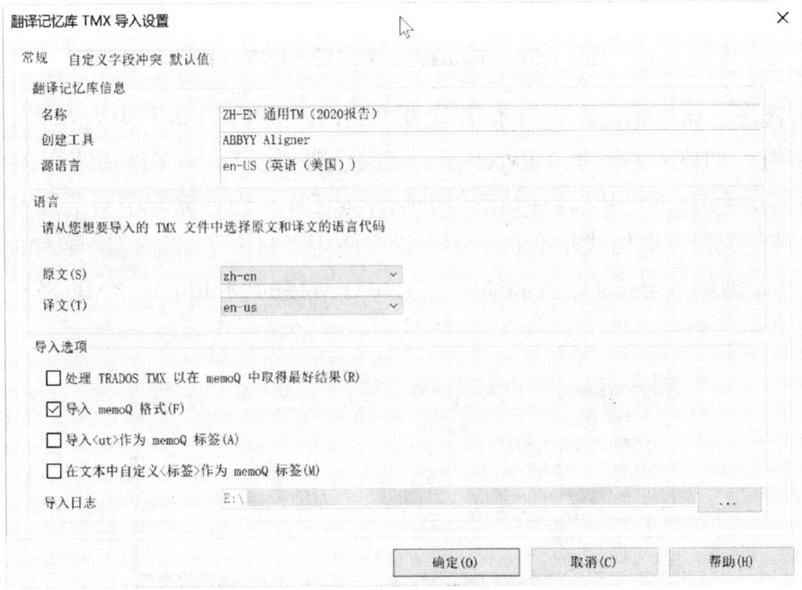

图 4–155　导入 TMX 格式的翻译记忆库双语平行文档

图 4–156　翻译记忆库导入成功

（3）使用术语库

前文提到，创建项目的过程中，用户可以直接创建空白的术语库为项目所用。若要在术语库中添加术语，除了在翻译过程中随时操作，也可以在 memoQ 的术语视图中，直接打开某个术语库编辑其中的内容（图 4–157）。类似于 Trados，直接将本地的术语资源导入术语库也是许多译者的选择。

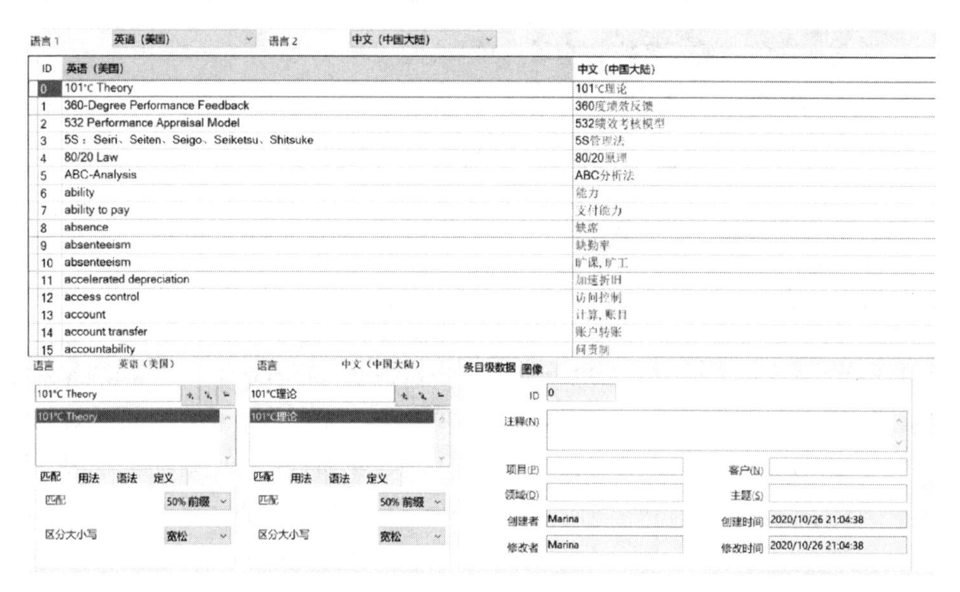

图 4–157　在 memoQ 中编辑术语库内容

通常情况下，memoQ 支持的术语库文件格式（图 4–158）为 CSV、TSV、TMX、Multiterm XML、TBX、ZIP 以及 Excel 等，前文已提过，TMX 文件用来存储双语平行文本数据，通常用于以平行句段为存储单位的翻译记忆库；但存储双语对照的术语也可以使用该格式。其他数据存储格式也会在不同情景中使用。只要了解原理，导入的方式大同小异。本小节以最通用的 Excel 格式和能够与 Trados 对接的 Multiterm XML 格式为例讲解术语导入。

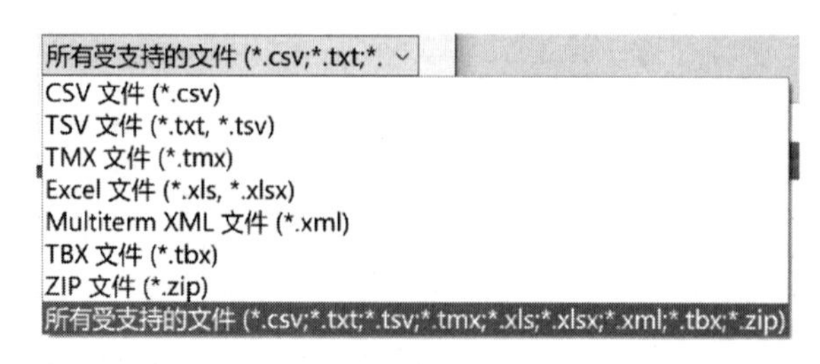

图 4–158　memoQ 支持的术语库文件格式

在项目的术语库视图下，选中需要导入内容的术语库，在右键菜单栏中找到“导入术语”选项（或直接使用上端菜单栏中的功能按键，如图 4–159 所示），即可在本地选择数据文件（图 4–160）。

图 4–159 菜单栏中的“导入术语”功能按键

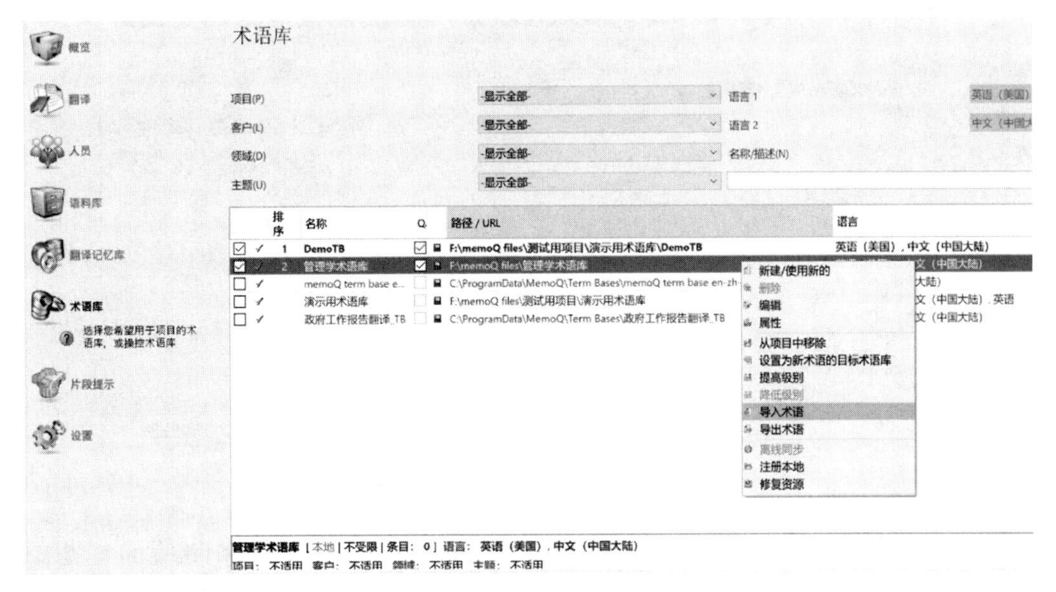

图 4–160 导入术语库

本案例导入的 Excel 文件内容如图 4–161 所示，包含英中语言列、术语所属种类以及该术语定义。

	A	B	C	D
1	English	Chinese	TYPE	Definition
2	a avitaminosis	维生素 a 缺乏	医药	The core PI Server component that is responsible for writing data to, reading data from, and otherwise managing the complete data archive. The PI Archive Subsystem is tightly coupled with the PI Snapshot Subsystem, which is actually responsible for performing compression on the incoming data. The Archive Subsystem is the historical record of time-series data maintained by the PI Server. This term may be used to refer to the entire logical data record itself, a specific archive file, or the subsystem responsible for actively hosting the historical data record.
3	abacterial	无菌的	医药	Base PI point attribute that, when set to On, indicates that incoming data should be sent to the PI Archive. If this attribute is set to Off, the data may enter the PI Snapshot Subsystem, but is not sent to the PI Archive.
4	abaissement	降落	医药	MS/User input specified after the name of a program to control or modify the behavior of that program in some fashion. A command-line argument must typically be separated from the program name and other command-line arguments by at least one space. Depending on the program, command-line arguments must typically be prefixed by a hyphen (-) or a slash (/). Several of the diagnostic utility programs that are distributed with the PI Server, like piartool and pidiag, require the use of one or more command-line arguments.
5	abalienation	精神错乱	医药	Follow Microsoft standard.
6	abarognosis	辨重不能	医药	In plant management, a physical entity that is a unit of equipment, such as a mixer, hopper, tank, or meter.
7	abasia	步行不能	医药	A structure that represents one of the many metadata components associated with an asset. See also attributes for a point.
8	abatement	轻减	医药	A named collection of attributes. One or more attribute sets are used to define point classes. Users apply lists of attributes and attribute sets to create or modify a point within a given point class.
9	abdomen	腹	医药	A collection of characteristics or parameters for a PI point that directs an interface and the PI Server in the collection and processing of data values.

图 4–161 本案例使用术语库

大部分术语库的第一行是字段名称（如图 4–161 中，字段第一行是 English、Chinese、TYPE、Definition），较为简单的术语库通常只有两列不同语种的术语，更复杂的术语库可能包含定义栏、备注栏等。如图 4–162 所示，术语库的第一行是每列对应的内容标题。在第一行为字段名称的情况下，勾选“第一行包含字段名称”，以免将这些标题也导入术语库。

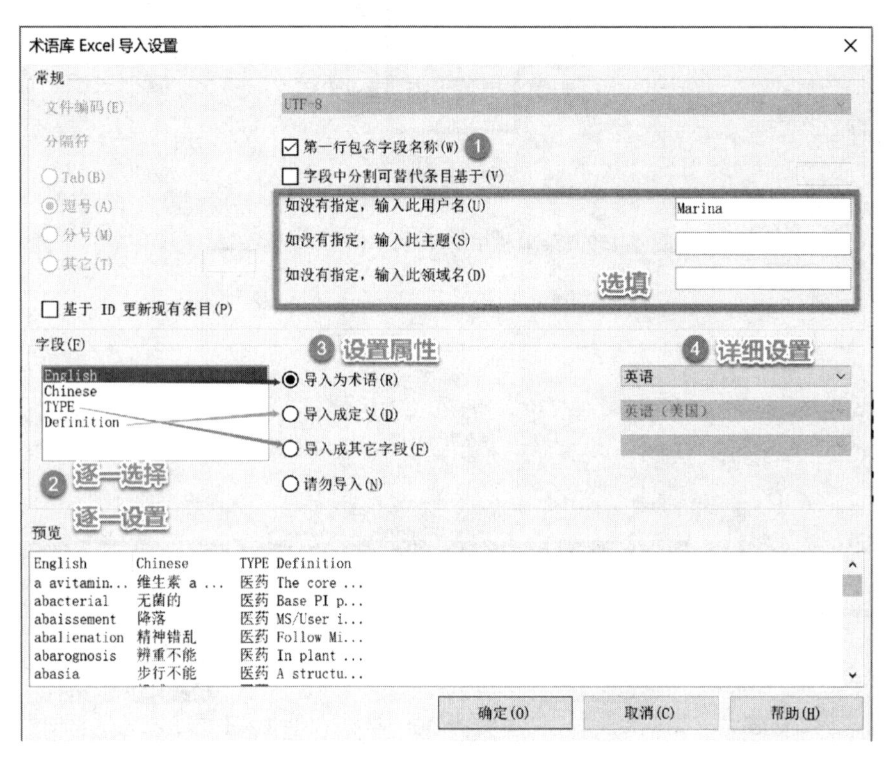

图 4–162　Excel 术语库导入设置

如果术语库中的一词多义放在同一行且用标点符号隔开（如图 4–163 所示），想要将它们分割成多个（可互相替代的）独立术语翻译，可以勾选“字段中分割可替代条目基于”，并输入每一行中分割这些词汇的标点符号（在本示例中为“；”），最终在术语库中会将两个翻译分割开（图 4–164）。但要注意：在整个术语库中，分割这些词汇所用的符号须统一。

中文	English
术语	Translation1;Translation2

图 4–163　一个术语有两种可替换翻译

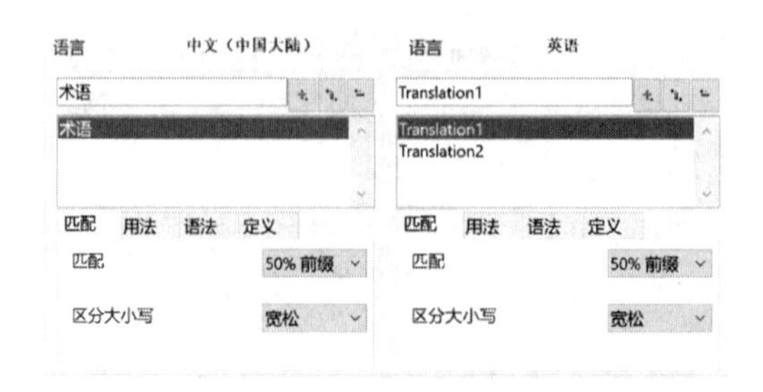

图 4–164　术语库针对“一个术语有两种可替换翻译”的存储方式

在字段设置中，逐一选中 English、Chinese 等术语栏，将其“导入为术语”，并在右侧下拉框中筛选该列实际对应的语言。同理，Definition 需要选择“导入成定义”，并设置定义实际对应的语种。像是 TYPE 这类的字段，可选择将其“导入成其他字段”，再在下拉框中选择它的实际属性，比如领域、主题等（图 4–165）。如果存在不想导入的列表，也可选择“请勿导入”。所有设置完成后，就可以将术语库成功导入 memoQ 了。

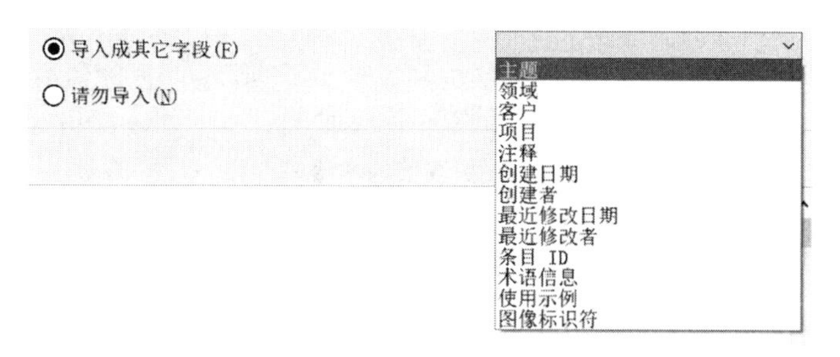

图 4–165　将某列导入为“其他字段”时的可选项

注：图中的“它”为软件本地化过程中的错字，此图为软件界面截图，无法人为修改。

某些时候，可能我们已经将 Excel 文件导入 memoQ 了，但是术语专家又对原文件进行了更改。在不清楚哪些术语被更改时，如果每个术语都有对应序号的话，我们可以将更新后的文件再次导入，在导入设置中勾选“基于 ID 更新现有条目”，这样既能保证术语不会重复覆盖，也可以精准更改该序号下的术语或其翻译。所以如果翻译项目中有独立负责人来处理术语，术语文档中设置序号列是比较稳妥的选择。图 4–166 所示为在原术语库有更改的情况下，按照“基于 ID 更新现有条目”导入后，memoQ 中的术语库将更改过的术语替换成最新结果。

术语库 Excel 导入设置
常规
文件编码(E)　UTF-8
分隔符
Tab(B)
逗号(A)
分号(M)
其它(T)
第一行包含字段名称(W)
字段中分割可替代条目基于(V)
如没有指定，输入此用户名(U)　Marina
如没有指定，输入此主题(S)
如没有指定，输入此领域名(D)
基于 ID 更新现有条目(P)
字段(F)
条目ID
中文
English
导入为术语(R)　英语
导入成定义(D)　英语
导入成其它字段(F)　条目 ID
请勿导入(N)
预览

条目ID	中文	English
1	术语1	Term1
2	术语2	Term2
3	术语3	Term3
4	术语4	Term4
5	术语5	Term5
6	术语6	Term6

确定(O)　取消(C)　帮助(H)

图 4–166　基于 ID 更新现有条目

从图 4–167、图 4–168、图 4–169 和图 4–170 中不难观察到，术语及其翻译会基于 ID 进行精准更改。

条目ID	中文	English
1	术语1	Term1
2	术语2	Term2
3	术语3	Term3
4	术语4	Term4
5	术语5	Term5
6	术语6	Term6

图 4–167　更改前的术语库内容

项目主页　memoQ term base en-zh-CN

语言 1　中文（中国大陆）　语言 2　英语

ID	中文（中国大陆）	英语
0	术语	Translation1, Translation2
1	术语1	Term1
2	术语2	Term2
3	术语3	Term3
4	术语4	Term4
5	术语5	Term5
6	术语6	Term6

图 4–168　更改前的术语库内容在 memoQ 中的呈现

条目ID	中文	English
1	术语1	Term1
2	术语2	Term2
3	术语3	Term3
4	术语4有更改	Changed Term4
5	术语5	Term5
6	术语6有更改	Changed Term6

图 4–169　更改后的术语库内容

ID	中文（中国大陆）	英语
0	术语	Translation1, Translation2
1	术语1	Term1
2	术语2	Term2
3	术语3	Term3
4	术语4有更改	Changed Term4
5	术语5	Term5
6	术语6有更改	Changed Term6

图 4–170　新内容导入后，更改后的术语库内容在 memoQ 中的呈现

（4）提取术语

在 Trados 使用中，我们曾经介绍过使用插件提取术语，memoQ 中也有类似的功能（图 4–171）。需要注意的是，所有 CAT 工具的术语提取功能的本质是在提取高频词，而非真正的“术语”。

打开项目中的文件，在编辑器页面的菜单栏选中“准备”标签，点击“提取术语”。

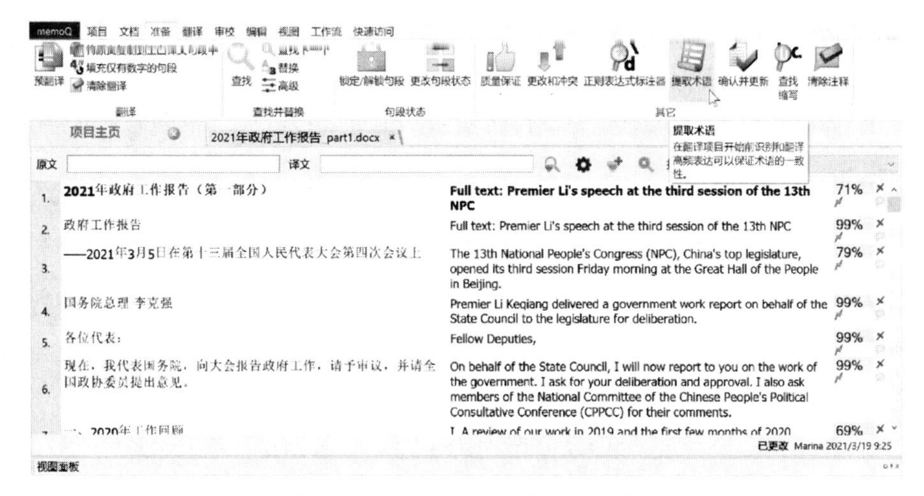

图 4–171 memoQ 的提取术语功能

在弹出的术语提取设置界面（图 4–172），设置提取任务的名称，选择需要提取术语的来源：我们可以选择只提取项目中待翻译文档的术语，也可以提取翻译记忆库、语料库中的术语。接下来我们根据实际需要，规定提取术语的长度、最低词频等比较常用的参数；比如想扩大术语提取的规模，可以将最低频率调小，单词、词组的长度要求同理。其余的常规参数可保持默认，但如果有高级功能要求，也可根据个人需求更改，比如根据需求添加停用词（冠词、方位词等）。

提取候选

会话名称(N) ① 术语提取

资源

翻译文档(T) 每个文档(V) 选中文档(S)
翻译记忆库(M) 项目的所有记忆库 当前 TM 选中 TM
语料库文档(L) 显示全部文档 选中文档
② 需要提取的来源

选项

常规
最长句段长度（字/词）(X) 4
最低频率(F) 3
表达分隔符
长度系数(R) 1.50
忽略带数字的字词(U)

单词术语
最短长度（字符）(E) 3
最低频率(Y) 3
术语库查找
③ 更改比较常用的参数
查找候选(K)
项目的所有术语库
仅限最高等级的术语库

停用词
停用词表 <新停用词表> 保存为
字/词 位于词首则排除 位于词中则排除 位于词尾则排除

字/词(W) ④ 添加(A) 可根据需求添加停用词 ⑤ 也可不添加 删除选中(D)
⑥ 确定(O) 取消(C) 帮助(H)

图 4–172 术语提取设置界面

执行术语提取后，memoQ 会自动打开术语提取的结果，我们可以在该界面针对需要处理的术语输入译文，在翻译结束后接受（可理解为“保存”或删除术语条目），并根据需要进行术语合并、添加停用词等（非必须）。处理完毕后，可以将术语导出至本地的术语库文件或以 Excel 格式保存。值得注意的是，我们在该界面保存的术语及其翻译可以直接运用在项目中，不过如果有保存文件的习惯，也可以将其导出至本地（图 4–173）。

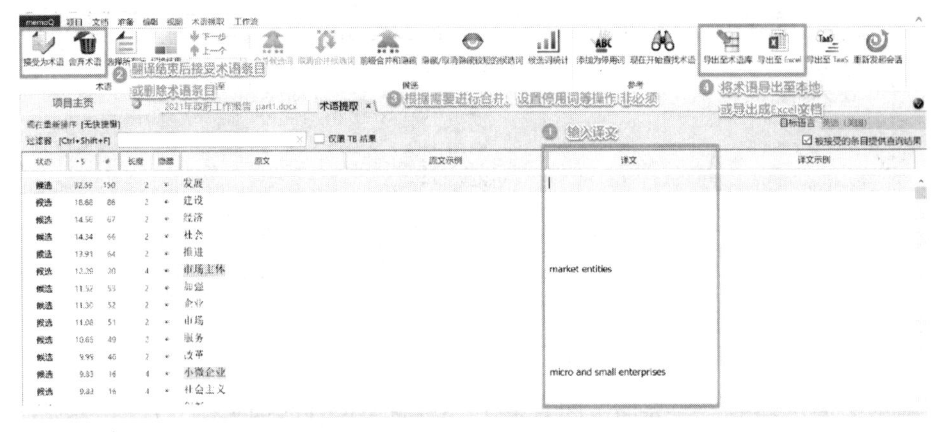

图 4–173　处理 memoQ 导出的单语术语结果

4.3.5 memoQ Web：团队协作在线项目工作流

memoQ 与 Trados 类似，提供服务端功能（memoQ Web）。将 memoQ Web 成功部署到服务器后（本地服务器或开放服务器），我们可以获取能访问 memoQ 服务端的网页链接与最高权限的访问账号（服务器系统管理员）。在一些翻译项目中，翻译项目经理会给译者的 memoQ 账号添加权限，或直接给译者提供可访问 memoQ 在线项目的账号。身为译者，我们并不一定有机会接触到项目从译前准备（创建项目）开始的全流程；但如果想要系统学习翻译项目管理，深入了解项目的全过程是非常有必要的。本小节将从项目管理全流程的角度讲解 memoQ Web 的实际操作方式。

（1）项目经理的译前准备

前文我们反复提到使用 CAT 工具辅助翻译的基本流程（可参见图 4–140），在翻译项目开始前的准备阶段，除了翻译资源的获取与准备，翻译项目经理也需要根据项目的实际情况安排人员并进行项目规划。在 memoQ Web 的主界面，我们可以通过“添加小组”来创建项目中的翻译角色（图 4–174）。默认的角色有 Internal translators（内部译员）和 Language Terminal vendors（语言终端供应商）等；需要术语专家的项目也可以按需求添加术语管理者的角色。

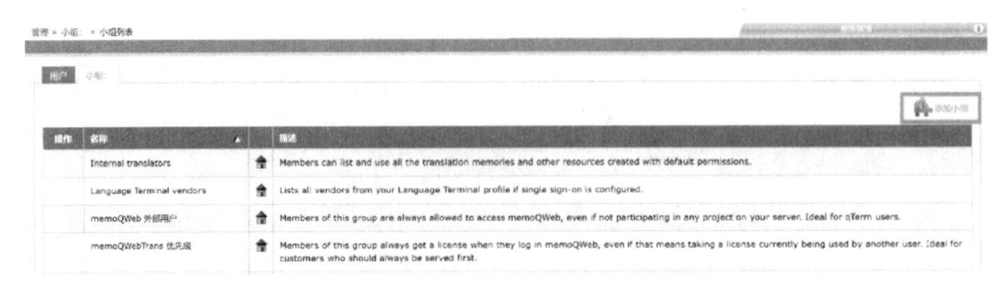

图 4–174　memoQ Web 创建项目中的翻译角色

在小组中，我们可以添加用户（图 4–175）、设置该用户的用户名和密码，并作为后续该用户登录服务器的重要凭据。除了用户名和密码，我们还需要设置该用户的基本属性如邮箱、姓名等，提前设定该用户是使用浏览器端在线工作还是通过邮件接收项目派发包，以及该用户所属的小组、负责的语言对等。

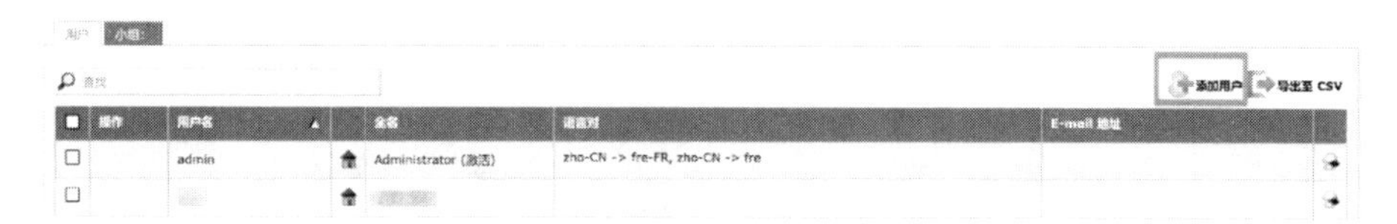

图 4–175　memoQ Web 添加小组内用户

memoQ Web 的项目创建流程与 memoQ 本地客户端基本一致，同时与 SDL Trados GroupShare 也大同小异。通过上传文件（一个或多个）、设置项目基本信息（名称、语言对等）等步骤，即可完成在线项目的创建（图 4–176）。

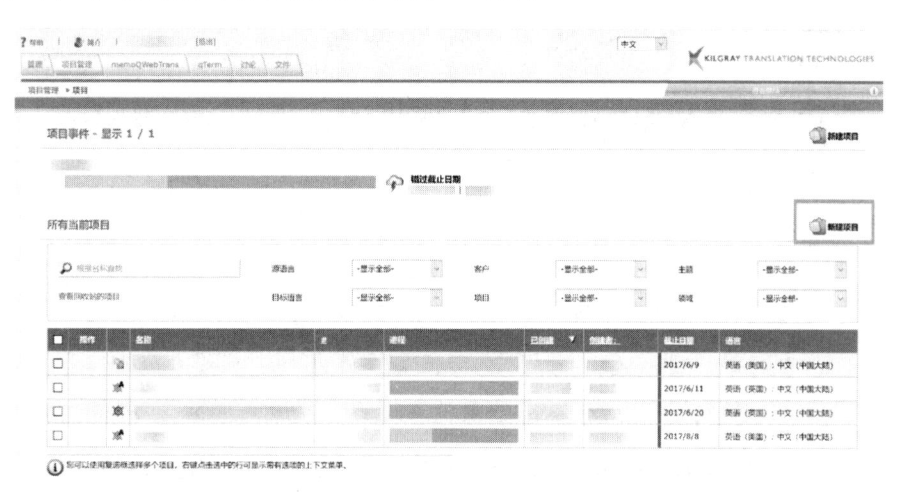

图 4–176　memoQ Web 新建翻译项目

进入创建好的项目→人员界面，即可把先前创建好的服务器上的已有用户添加进具体的项目中（图 4–177），并调整各个用户负责的语言和翻译流程（图 4–178）。如图 4–179 所示，项目负责人可以通过勾选的方式，设置人员参与的流程（翻译、一审、二审），一位译员可以同时负责多个流程。

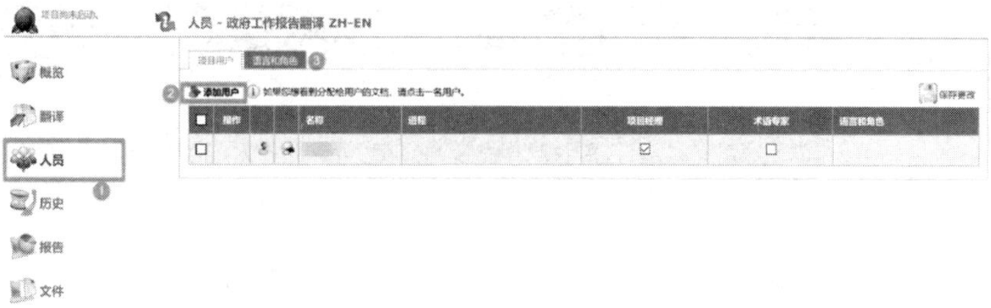

图 4–177　memoQ Web 将用户添加进具体的项目中

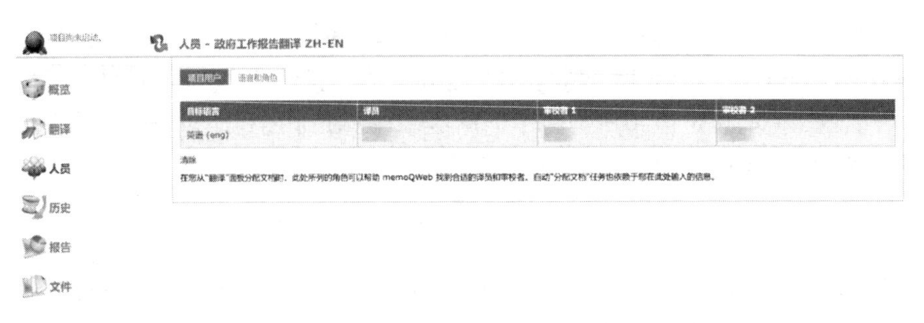

图 4–178　memoQ Web 设置用户的语言和角色

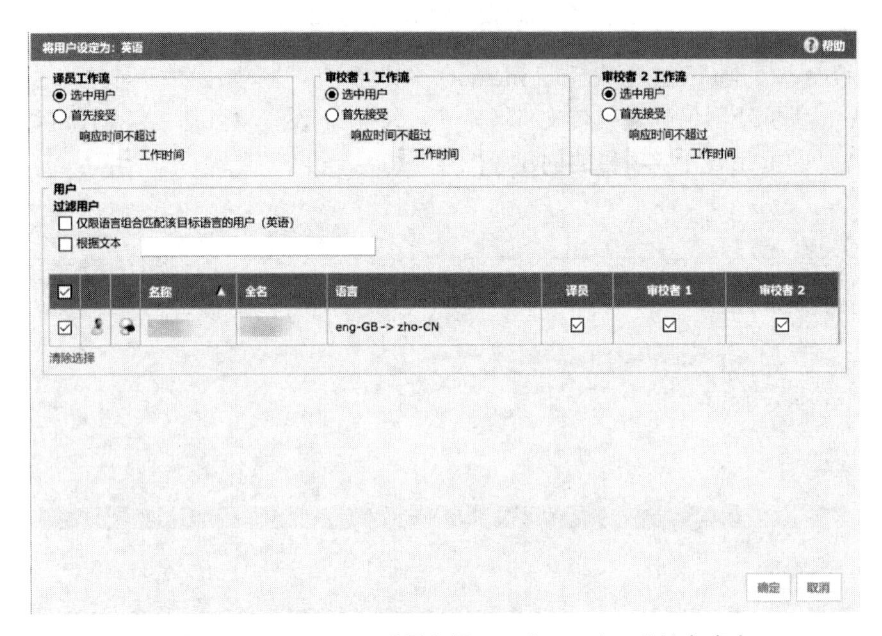

图 4–179　memoQ Web 设置翻译、一审、二审工作流负责人

安排好翻译项目中的人员和对应角色后，切换到“翻译”页面，通过选择某个文件并编辑其“译员”，即可给待译文件安排具体的负责人及截稿日（图 4–180）。一切安排妥当后，选择“保存更改”，并在页面的左上角启动项目。

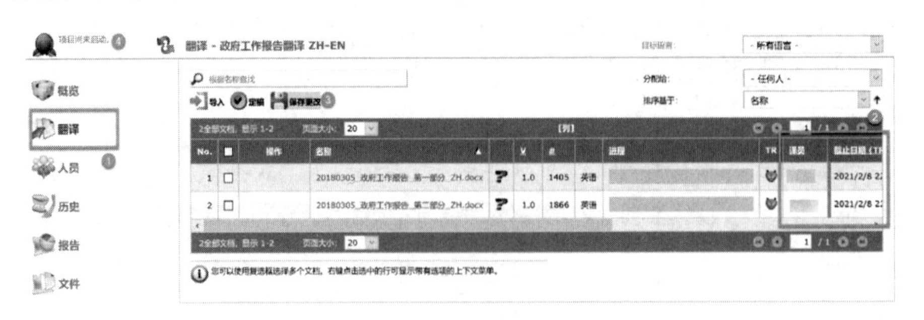

图 4–180　memoQ Web 翻译项目经理管理翻译流程

项目启动后，如果翻译项目经理预先在人员信息中设置了联络邮箱，项目相关负责人会接收到邮件提醒。译者使用翻译项目经理提供的服务器地址、账号密码信息，即可在

memoQ 本地客户端登录服务器，接收翻译项目。

（2）译员接稿翻译 / 审校

想要查收翻译 / 审校任务，项目参与者需要在 memoQ 本地客户端的菜单栏→“memoQ 服务器”选项卡（图 4–181）中点击“管理登录”，在弹窗（图 4–182）中输入服务器链接、翻译项目经理提供的账号（用户名）、密码信息，登录服务器。

图 4–181　memoQ“服务器”选项卡

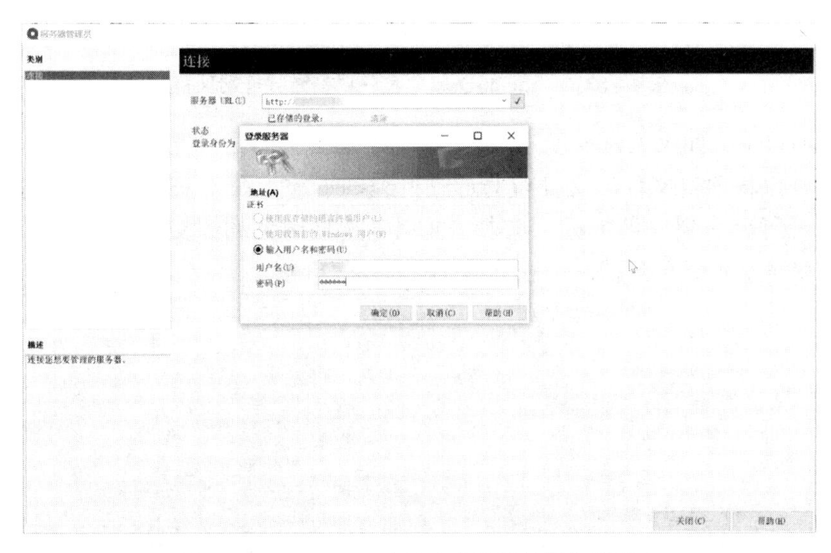

图 4–182　memoQ 本地客户端登录服务器弹窗

登录成功后，我们可以在 memoQ 主页看到“从 memoQ 服务器签出项目”（图 4–183–1）的选项，memoQ 会根据项目和用户信息，自动匹配用户负责的内容。如果译者使用的是个人账号，同时负责多个组织的翻译项目，需要注意选择正确的项目服务器，并检查本次要执行的翻译任务的项目名称是否正确，避免签出错误。译者可以自定义项目文件保存在本地的路径，信息确认无误后，即可签出项目（图 4–183–2）。

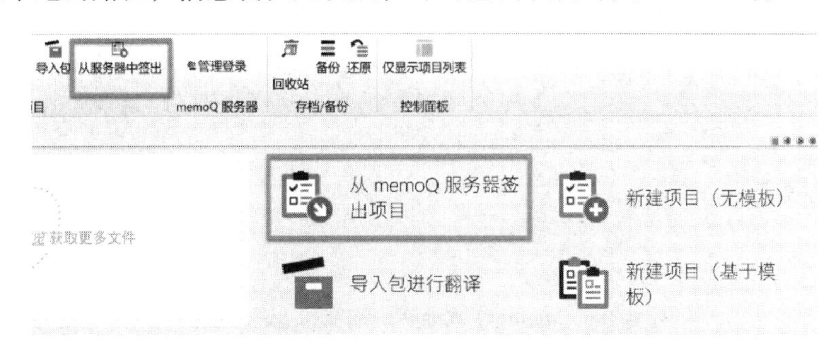

图 4–183–1　memoQ 本地客户端签出服务端项目

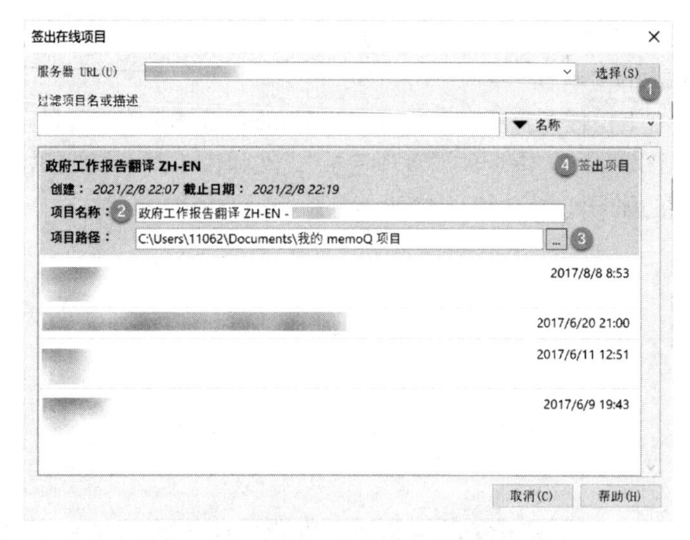

图 4–183–2 memoQ 本地客户端签出服务端项目

在一些项目中，如果项目经理开放了服务器翻译记忆库、术语库、参考资源等的下载权限，用户可以将项目文件以文件包的形式下载到本地（图 4–184）。完成了翻译或审校任务后，译者可以回到项目主页，点击“文档”选项卡下的“交付 / 返回”（图 4–185），将文档内容在线返回至服务器，供翻译项目经理查收审核。

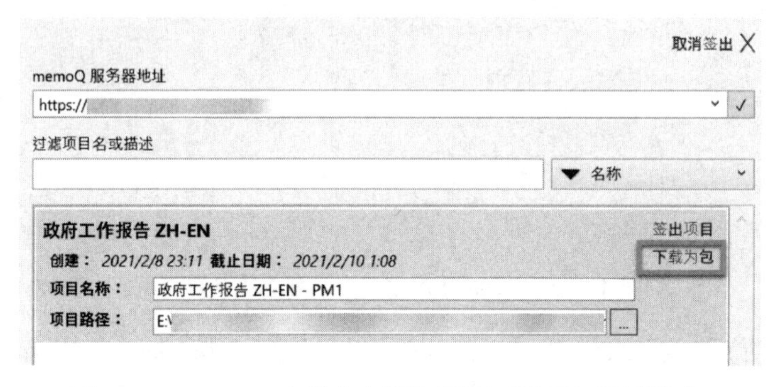

图 4–184 memoQ 本地客户端签出服务端项目时下载为包

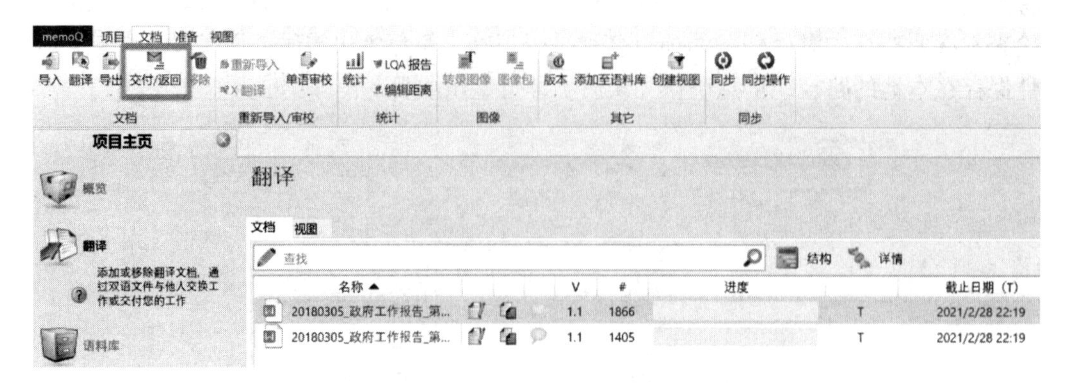

图 4–185 memoQ 本地客户端交付 / 返回项目

（3）返稿、定稿

项目中某一环节结束后，如译员已完成某个文件的翻译，需要切换到一审状态时，翻译项目经理需要在翻译界面选择该文件并更改其工作流状态（图 4–186）。更改后，点击提交键“√”即生效，负责审校的译员可以开始执行任务了。当翻译、一审、二审流程都完成后，翻译项目经理可以查看文件的完善程度，进行最后的审查。如无问题，即可将文件标记为“完成”；若不满意，可以随时把文件状态更改回上一步，退回文件，让相关负责人再次修改。

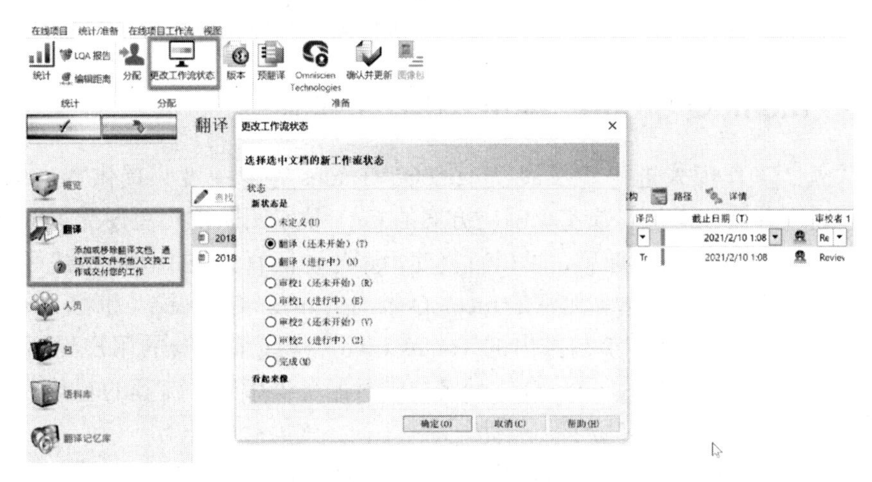

图 4–186　翻译项目经理更改工作流状态

除了更改项目工作流状态，在项目进行的过程中，翻译项目经理也可以随时根据项目需求添加或移除负责人（图 4–187）。前文我们曾提到 Trados 支持“文件包”的形式，方便把项目所用的翻译记忆库、术语库等一并打包给译员，这样他们打开文件包即可快速操作。memoQ 也支持文件包的交互形式（图 4–188），方便译者接收翻译记忆库、术语库等，并将其保存到本地操作。

图 4–187　根据项目需求添加或移除负责人

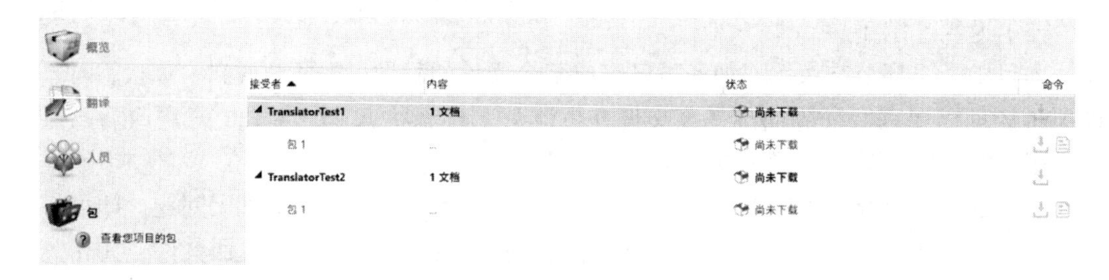

图 4–188　memoQ 服务端支持打包形式的文件交互

4.3.6 memoQ Cloud：网页云协作工作流

随着“云”工作模式进一步发展，memoQ、Trados 等曾一度只提供客户端（PC 端软件）和本地服务器（搭建实验室）解决方案的 CAT 技术团队推出更便捷、低技术门槛的“云平台”。即用户开通服务后，可以直接使用账号访问官方技术团队搭建好的服务器地址，并使用浏览器在线编辑。无论是 memoQ 推出的 memoQ Cloud（也称 memoQ TMS Cloud），还是 Trados 在 2021 年初推出的 Trados Live，在线编辑器的用户界面都有更简化、直观的趋向。我们在熟悉 memoQ 本地客户端及服务器版工作流程的基础上，去理解 memoQ Cloud 的功能就非常容易了。

与 memoQ 服务端类似，使用有权限的账号即可登录 memoQ Cloud（图 4–189）。用户也可以在 memoQ 本地客户端登录服务器，从而同步数据（图 4–190）。

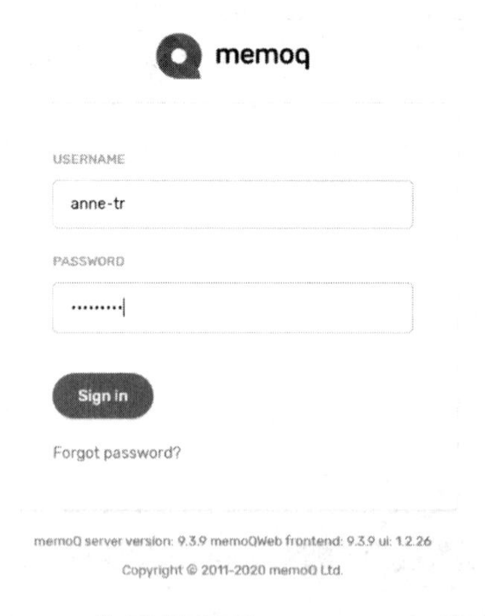

图 4–189　使用账号登录 memoQ Cloud 地址

图 4–190　用户可以在 memoQ 本地客户端登录服务器以同步数据

memoQ Cloud 界面（图 4–191）在功能板块上与客户端、服务器版均类似，包含项目、文件、资源、人员等多个板块的管理功能。使用 Cloud，也可以完成创建项目、导入文件、新建或运用翻译记忆库 / 术语库、分配任务给项目人员等操作。

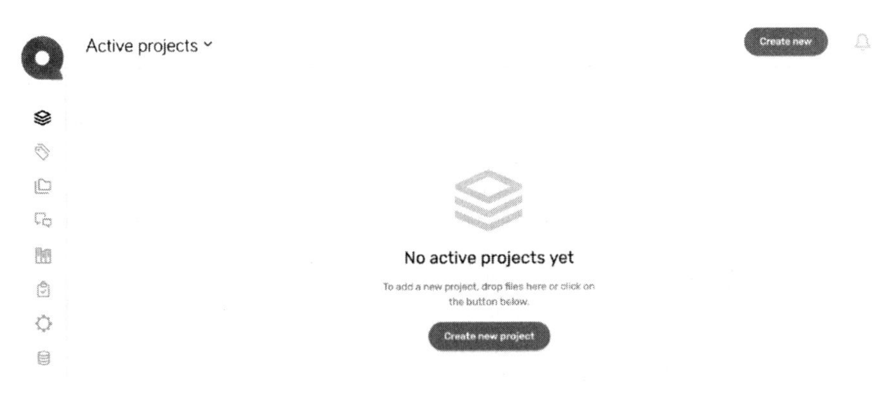

图 4–191　memoQ Cloud 界面

在设置页面中，翻译项目的负责人能够建立与翻译项目相关的用户（图 4–192）。

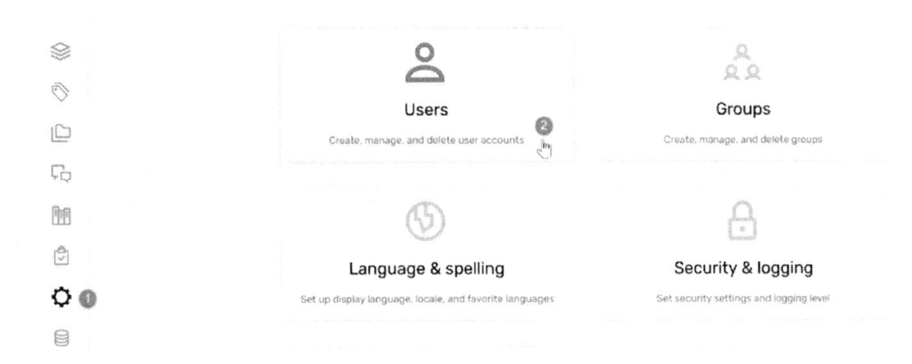

图 4–192　memoQ Cloud 在设置页面创建用户

进入用户创建界面后，仅需输入用户的姓名、账号用户名以及邮箱，即可成功建立翻译项目的用户（图 4–193）。

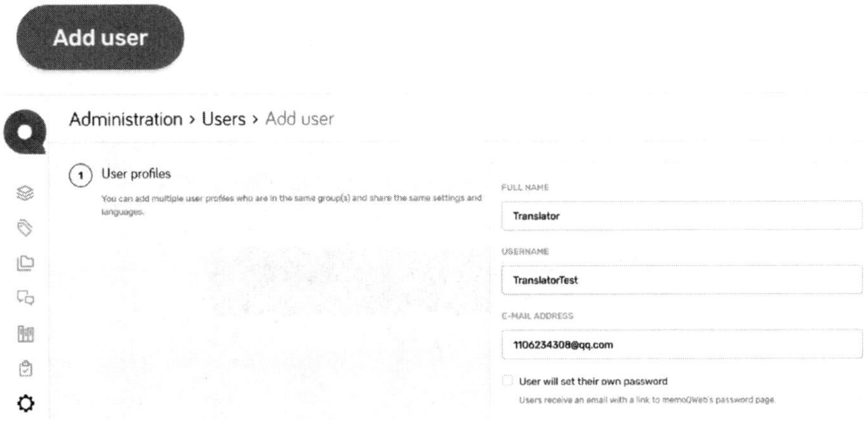

Add user

Administration › Users › Add user

User profiles

FULL NAME: Translator

USERNAME: TranslatorTest

E-MAIL ADDRESS: 1106234308@qq.com

User will set their own password

图 4–193　memoQ Cloud 创建用户

使用 memoQ Cloud 新建用户的操作方法与前文的 Web 端大同小异，我们需要预先设置用户的用户名和密码，作为后续用户登录服务器网页的重要凭据。

与 Web 端类似，我们需要设置用户的基本属性（邮箱、姓名等）、所属工作组、负责的语言对、操作权限等，并规定用户在项目过程中是否可以将项目文件下载到本地（图 4–194）。

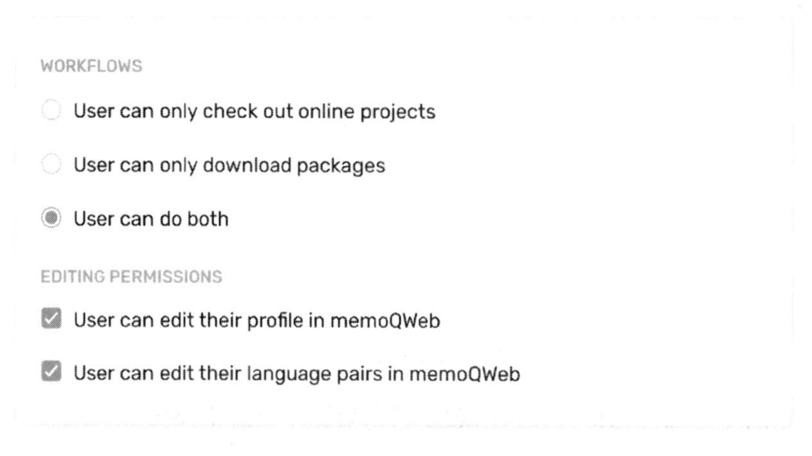

图 4–194　memoQ Cloud 设置用户的操作权限

在 Cloud 端创建项目时（图 4–195），与使用服务端版本一样，我们需要按需求设置项目的名称、语言对、翻译资源（术语库与记忆库）的使用 / 下载权限、是否创建项目派发包、是否允许翻译及审校同时进行、是否记录文档版本历史以及其他信息（项目 ID 及描述、客户信息等）等。项目成功创建于云端后，会收到图 4–196 所示的提示。

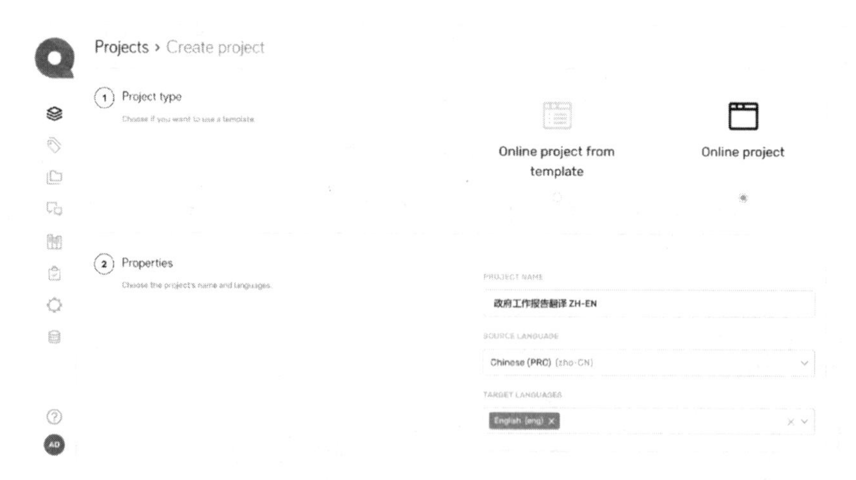

图 4–195　memoQ Cloud 创建翻译项目

图 4–196　memoQ Cloud 项目创建成功提示

项目创建完成后，进入项目面板→翻译选项卡下，导入待译文档（如图 4-197、图 4-198 所示）。

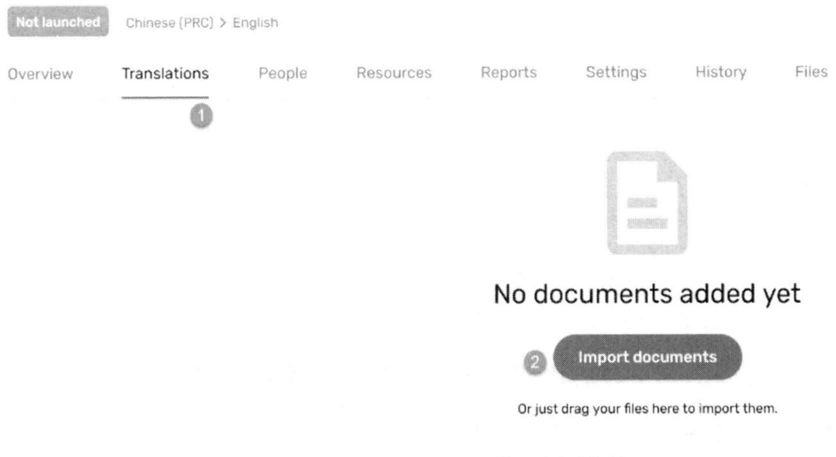

图 4–197　memoQ Cloud 导入翻译文件

图 4–198　memoQ Cloud 导入翻译文件成功

不难发现，memoQ Cloud 版与 Web 版在项目管理的操作流程上极为类似，只是 Cloud 版的用户界面更简洁，操作方式更友好。接下来，我们进行与 Web 版类似的操作，即可给项目中的负责人添加译者、审校者、术语专家等权限，规定他们所负责的语言等（图 4–199、图 4–200）。

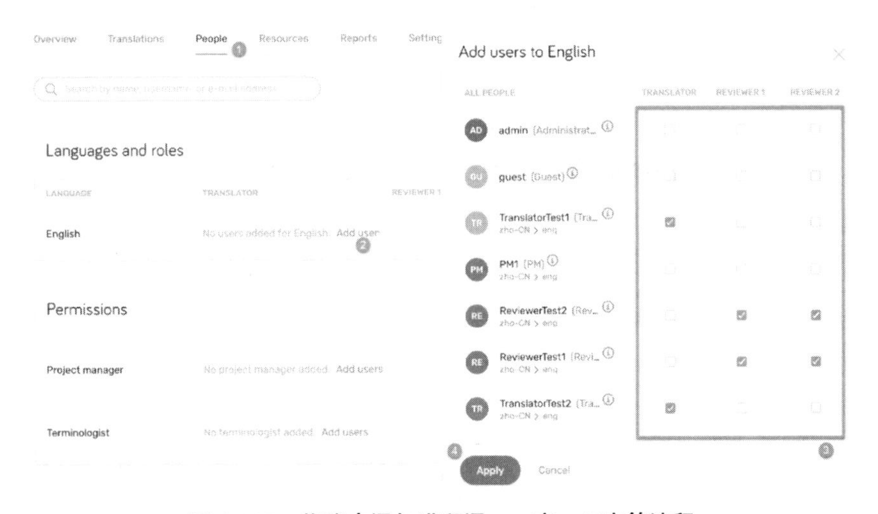

图 4–199　将账户添加进翻译、一审、二审等流程

Languages and roles

LANGUAGE	TRANSLATOR	REVIEWER 1	REVIEWER 2
English	TranslatorTest1 (Translator1) TranslatorTest2 (Translator2)	ReviewerTest2 (Reviewer2) ReviewerTest1 (Reviewer1)	ReviewerTest2 (Reviewer2) ReviewerTest1 (Reviewer1)

Permissions

Project manager	admin (Administrator) PM1 (PM)
Terminologist	guest (Guest)

图 4–200　给账户添加项目经理、术语专家等权限

在资源（Resources）面板，我们可以创建全新空白的 TM 和 TB，导入 TMX、Excel 等格式的数据文件来创建 TM 和 TB，也可以直接添加已创建过的资源到项目（已有的翻译记忆库、术语库会存储在服务器内）（图 4–201）。与 memoQ 客户端相同的是，我们可以设置某个记忆库为 Working（工作用记忆库）或 Master（定稿记忆库）状态，或将其设置为参考记忆库（不将翻译内容写入其中）。设置为 Working 状态的记忆库会自动保存在翻译和审校过程中确认并提交的句段；而 Master 记忆库会在项目完成时，保存最终由 PM 审核通过并定稿的内容；如果两种选项都不勾选，则该 TM 中的内容就只作为参考用，不会保存新翻译的句段（图 4–202）。

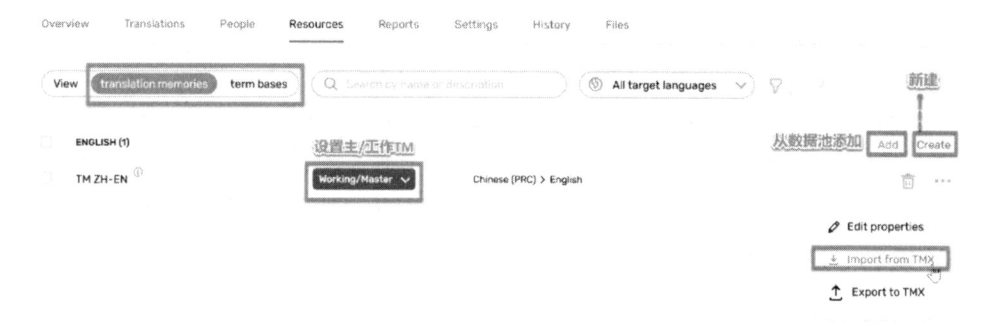

图 4–201　添加翻译记忆库、术语库等项目用资源

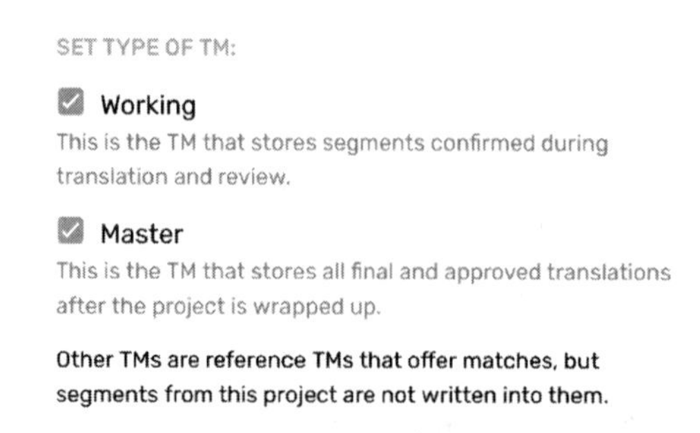

图 4–202　翻译记忆库的三种调用方式

与 memoQ Web 相似，翻译项目经理可以给项目中的各个待译文件安排不同的负责人，并设置需要的截稿日（图 4–203）。一位译者可以负责一个或多个文件（图 4–204）。项目准备完毕后，点击“Launch”即可启动项目（图 4–205）。

Overview
Translations
People
Resources
Reports
Settings
History
Files
All target languages
Show all documents
Import documents
NO
NAME
TRANSLATOR
DEADLINE (TR)
ASSIGN TRANSLATOR
20180305_政府工作报告_第一部分_ZH.d...
20180305_政府工作报告_第二部分_ZH.d...
Select...
Add translator
Unassigned
SUGGESTIONS
TranslatorTest1 (Translator1)
TranslatorTest2 (Translator2
PROJECT USERS
admin (Administrator)
PM1 (PM)
Show
10
items per page
1-2 / 2 it

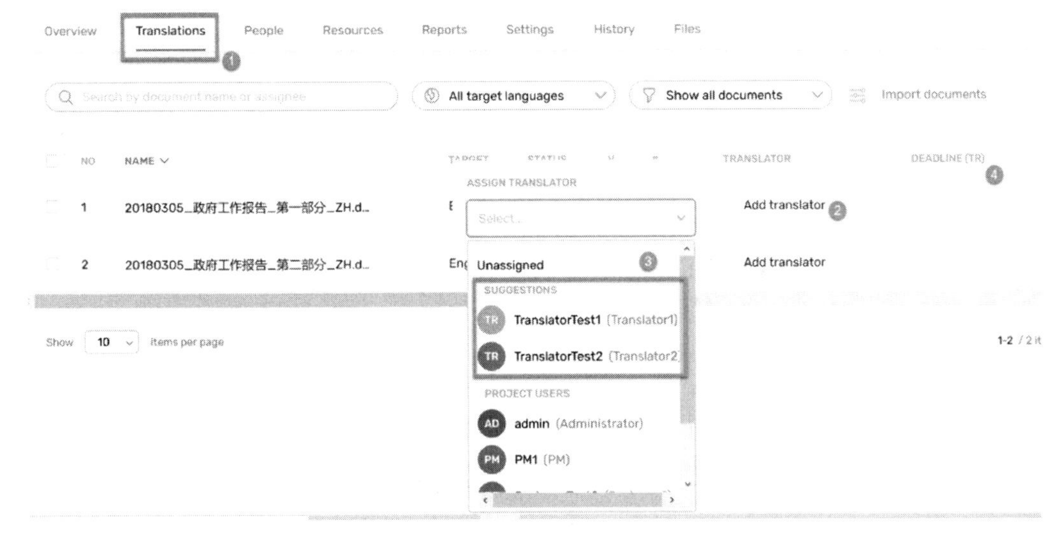

图 4–203　memoQ Cloud 设置待译文件负责人和截稿日

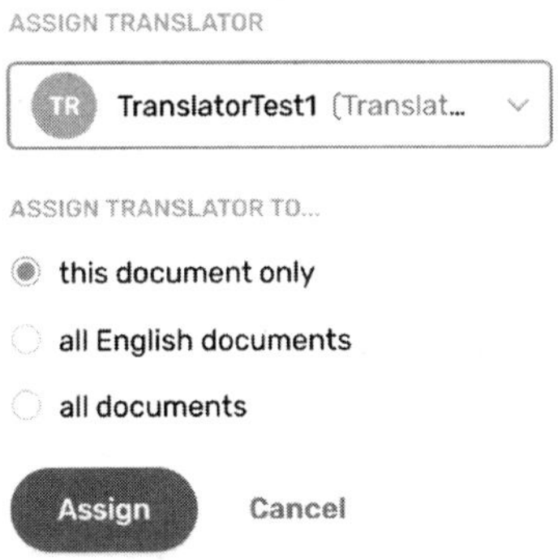

ASSIGN TRANSLATOR
TranslatorTest1 (Translat...
ASSIGN TRANSLATOR TO...
this document only
all English documents
all documents
Assign
Cancel

图 4–204　译者可以负责一个或多个文件

政府工作报告 ZH-EN
Launch
Not launched
Chinese (PRC) > English
Overview
Translations
People
Resources
Reports
Settings
History
Files
All target languages
Show all documents
Import documents
NO
NAME
TARGET
STATUS
V
#
TRANSLATOR
DEADLINE (TR)
1
20180305_政府工作报告_第一部分_ZH.d...
English
1.0
1,405
0%
TranslatorTe...
Feb 10 1:08 AM
2
20180305_政府工作报告_第二部分_ZH.d...
English
1.0
1,866
0%
TranslatorTe...
Feb 10 1:08 AM

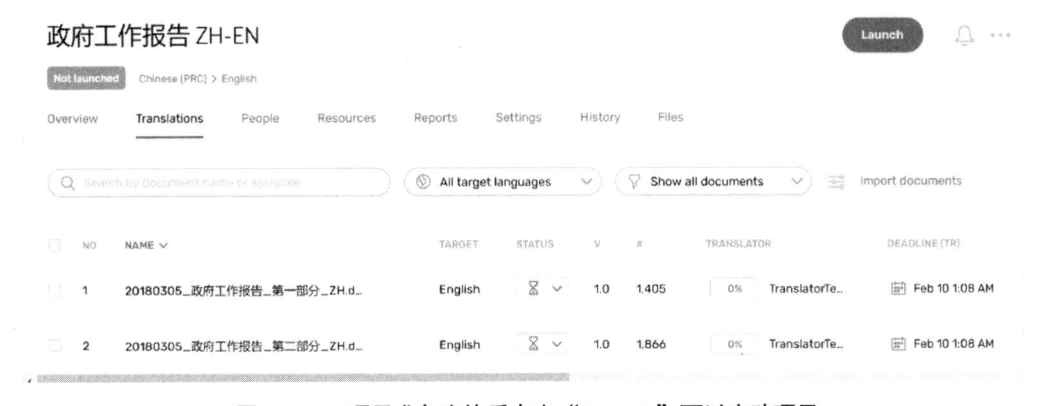

图 4–205　项目准备完毕后点击“Launch”可以启动项目

翻译和审校负责人可以通过在 memoQ 本地客户端使用账号登录服务器或直接在网页端编辑的方式完成工作，翻译的进展会以百分比值的形式呈现于项目管理面板。翻译过程中，翻译项目经理则需要根据项目进展情况，及时调整项目阶段（图 4–206），把控节奏。

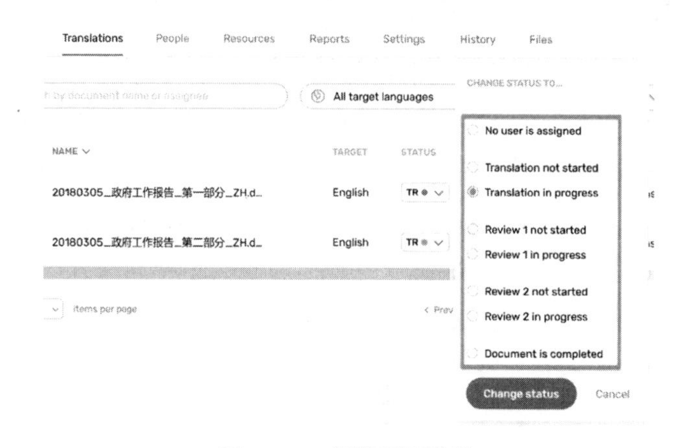

图 4–206　调整项目阶段

架于云端的网页工作模式降低了团队协作的门槛，让翻译和审校工作随时随地都可以展开。类似于 memoQ Cloud，Trados 也在 2021 年初推出了便捷的云端工具 Trados Live（图 4–207）。

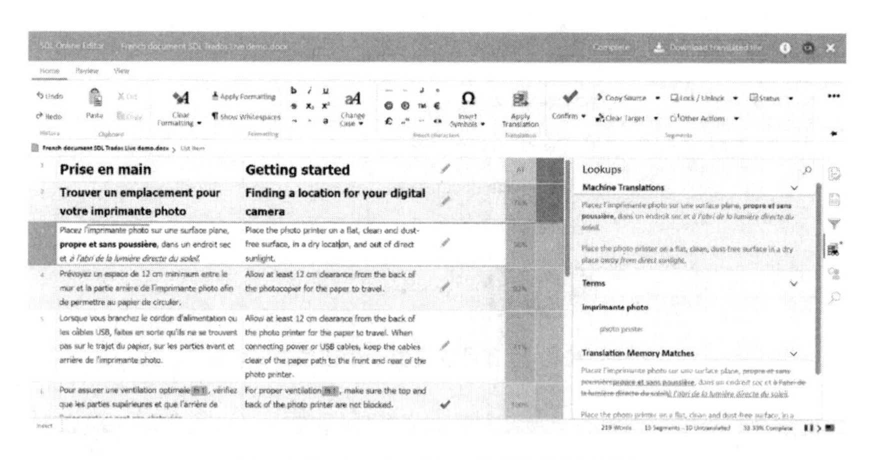

图 4–207　Trados Live 在线翻译编辑器

4.4 小结

本章主要介绍了计算机辅助翻译的常用概念，并结合具体案例，详细介绍了 Trados 和 memoQ 的具体操作，包括如何创建项目，建立术语库、记忆库，提取、修改术语，调用机器翻译文件，进行审校、修改等。内容比较多，同学们需要在实践过程中不断练习，才能做到熟能生巧。

机器翻译

5.1 机器翻译简介

机器翻译（Machine Translation）指使用计算机将文本从一种自然语言翻译为另一种自然语言的过程（Hutchins，Somers，1992），主要分为基于规则、基于统计和神经机器翻译三种模式。大数据时代机器翻译系统不断优化，加上谷歌翻译引擎正式运行，神经机器翻译（Neural Machine Translation）代替了之前的统计机器翻译系统，译文流畅度大幅提高。研究还发现机器翻译译文在句法层面的质量明显提高、词汇丰富度增加、错误数量减少，甚至超过部分人工翻译，其译文已经能够满足人们日常的阅读和交流需求。因此机器翻译在一些领域得到大规模应用。国内外语言服务商也开始认可机器翻译，使用机器翻译不仅能提高翻译速度，还能降低运营成本。

根据国内外知名机构的统计，机器翻译已经占有比较大的市场份额。2019 年，卡门森斯咨询公司发布的语言服务市场报告显示：51% 的语言服务提供商使用机器翻译技术，81% 的公司部署了神经机器翻译。2021 年，Nimdzi 发布全球语言服务提供商（LSP）Top 100 榜单，显示机器翻译和译后编辑服务占语言服务提供商提供全部服务的 79%。2021 年，中国翻译协会发布《2020 中国语言服务行业发展报告》，报告显示近一半（42.4%）的语言服务提供商经常使用机器翻译。2022 年，中国翻译协会发布的《2022 中国翻译及语言服务行业发展报告》指出：2021 年，机器翻译在行业中的应用越来越广泛，提供机器翻译与人工智能业务的企业达 252 家；“机器翻译 + 译后编辑”的服务模式得到市场普遍认同。90% 以上企业采用“机器翻译 + 译后编辑”的方式，调查单位认为该模式可极大提升翻译工作效率。可以说，“机器翻译 + 译后编辑”的模式正成为翻译界的新业态。

5.2 机器翻译质量评估

用户希望机器翻译的质量好，能满足我们的需求。那么如何测评机器翻译的质量呢？测评机器翻译质量的方法既有人工测评也有自动测评。人工测评机器翻译费时、价格昂贵，且主观性较强，目前主要采用的是自动测评。Koehn（2009）提出了机器自动评估的指标（Automatic Evaluation Metrics，简称 AEMs）：一些测评工具如 BLEU（Bilingual Evaluation Understudy）目前也得到广泛使用。机器翻译测评的指标很多，主要集中在流畅性（fluency）和适切性（adequacy）。流畅性主要指译文地道性；适切性则指译文能反映源语的语义，也就是准确性（Moorkens，et al.，2018）。

也有学者提出机器翻译的语言存在机器翻译腔，或者机器翻译语言共性。该思路主要来源于翻译语言共性，翻译语言具有简化、显化、规范化、平整化等特征（Baker，1993，1996; Laviosa，2010）。如果 Baker（1993；1996）提出的翻译语言共性特征成立，机器翻译译文作为一种翻译变体，也应具有机器翻译语言共性。学界有一些探讨，Lapshinova-Koltunski（2015）基于政治文本、小说、手册、科普文章、致股东的信、政治演讲以及旅游传单等多文体的语料，发现英德语言对中机器翻译译文存在规范化和集中化特征。Daems 等人（2017）对比机器翻译、原创语言以及人工翻译，认为机器翻译共性主要体现为简化和显化。Loock（2020）基于新闻语料，发现机器翻译译文过度使用某些语言特征，无法达到目标语的使用规范，De Clercq 等人（2021）选取了 22 个语言特征，采用主成分分析法和方差分析法等方法发现机器翻译文本的译文存在一定的翻译共性。然而导致机器翻译产生错误的原因仍然是个“黑盒子”（black box），目前很难发现错误的来源（Bowker，2023）。测量机器翻译的质量以及识别机器翻译的错误仍然非常困难。国内研究者的重点放在考察机器翻译的错误上，罗季美、李梅（2012）发现机器翻译错误率高达 89.7%，错误体现在典型词汇、句法和符号等。李梅（2021）对比分析了 10 万个英汉翻译句对，发现机译错误率超过八成，词汇错误占七成。蒋跃（2014）采用语料库和计量语言学方法，发现机器翻译的词汇丰富度、句法复杂度和变化程度均无法与人工翻译媲美。翁义明、王金平（2020）研究发现人工英译和机器翻译英译在汉语流水句中呈现出显著性差异，主要表现在主语选择、动词类型、逻辑关系词和译文句序等方面。

学者们提出可以充分利用机器翻译，采取译后编辑的方式。前面提到过译后编辑分为两种类型：一种是轻度或快速译后编辑，一种是完全译后编辑。从名称上看，前者要求重点修改错译，使译文能传递源语的基本意义，达到文本可读，但不要求调整译文风格。后者通过修改语法、标点、拼写、术语、文化差异和语言风格等达到与人工翻译基本一致的水平（Massardo，et al.，2016）。机器翻译译文比以前更流畅，但创造性相对不足。对于修改者而言，阅读了机器翻译的译文后，修改者有时很难作出更好的修改。可能会出现译后编辑腔（post-editese），即与人工译者相比，机器翻译译文表现出来的一种趋势。经过人工编辑修改后的译文与源语文本相似，比人工译文体现出更受源语影响的趋势（Toral，2019）。在要了解一篇文章的大意，且少量误译不影响理解的情况下，机器翻译是很好的选择；如果想了解一些专业领域的译文，如医疗方面的专业研究，机器翻译也是很好的选择。目前机器翻译产品仍然存在一些争议，如机器翻译依据的语料库的质量以及某些数据可能来源于网络等，对机器翻译的译文进行译后编辑后的版权归属等。不管怎样，了解机器翻译语言特征能为译后编辑和翻译教学提供实证参考，也能为翻译共性研究提供新视角。

5.3 机器翻译与计算机辅助翻译的结合

第二章我们提到计算机辅助翻译工具的主要作用是提高翻译速度以及有效利用以前的多种翻译资料，如翻译记忆库和翻译术语库。机器翻译非常强大，但常规机器翻译却不能充分利用我们已经建立的记忆库和术语库信息。将计算机翻译软件和机器翻译结合起来将有利于充分利用不同软件的优势，从而更快更好地完成翻译任务。本节主要展示如何将 Trados 和 memoQ 与 Google 翻译相结合，提高翻译质量。

5.3.1 SDL Trados Studio 与 Google 翻译相结合

SDL Trados Studio 最重要的功能是术语库和记忆库。如果翻译一两段文字，Trados 的作用不太明显，但如果翻译大部头的文字，或者翻译有很多重复词汇、语段的文字，Trados 的术语库和记忆库将发挥很大作用。SDL Trados Studio 的术语库、记忆库和 Google 机器翻译结合起来，将较好地提高翻译速度和翻译质量。Google 翻译非常强大，它是谷歌公司提供的一项免费翻译服务，可提供 100 多种语言对之间的即时翻译，支持任意两种语言之间的字、词、句子和网页翻译。Google 翻译的 App 还支持拍照翻译，可以直接替换照片中的源语文字为指定的目标语言。Google 翻译功能强大，为用户提供了很大便利。对于对翻译精准性要求不是特别高的翻译任务而言，Google 翻译足够了。Google 翻译提供的译文虽然可以帮助我们理解原文的大意，但仍然有许多不精准的地方。如图 5–1 所示，“step” 在文中是 “步骤” 的意思，而 Google 翻译却翻译成 “脚步”。如果我们需要精准翻译，Google 翻译还存在不足，尤其是英汉语言对之间的翻译还需要译者进行译后编辑。此外，我们需要借助以往建立的翻译术语库和记忆库，以提高翻译质量。

图 5–1　Google 翻译界面

本部分我们以照片打印机说明书的文字为例，展示如何将 SDL Trados Studio 与 Google 翻译相结合。首先使用 Google 进行机器翻译，然后利用 Trados 的术语库和记忆库进行译后编辑。具体步骤如下：

- 将源语导入到 Google 翻译中，得出机器翻译的译文。
- 使用 SDL Trados Studio 建立翻译项目（步骤与第二章讲解的相同）。
- 点击批任务（图 5–2）中的伪翻译，这里的伪翻译指纯粹的机器翻译。

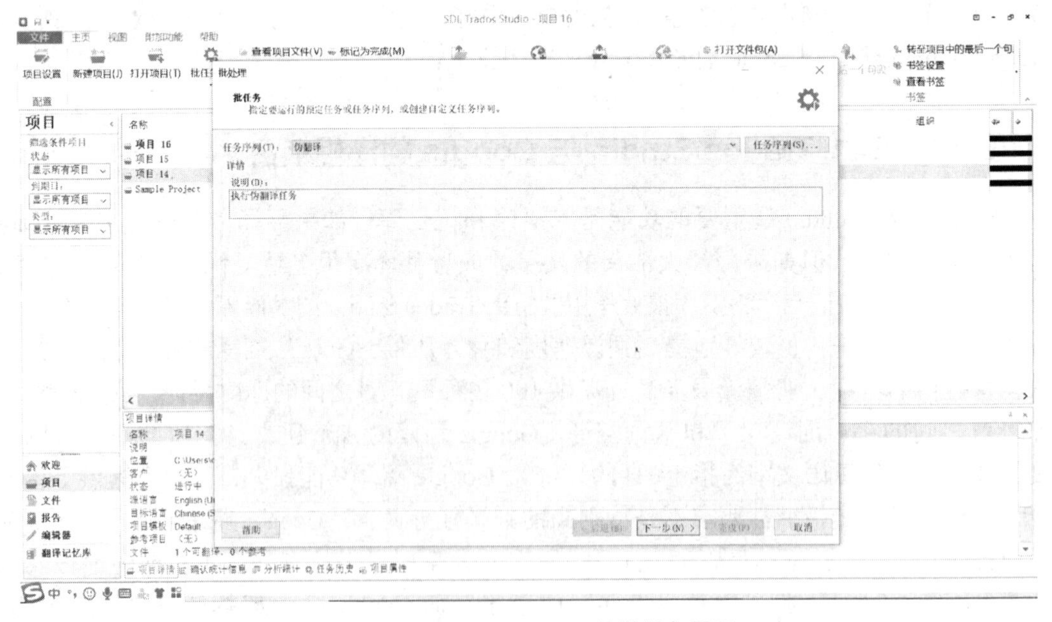

图 5–2　SDL Trados Studio 的批任务界面

按照向导一步步进行，直到完成。

图 5–3 是使用 SDL Trados Studio 进行伪翻译的结果，可以发现译文并不正确。原因是目前使用的 SDL Trados Studio 后台没有任何语料。

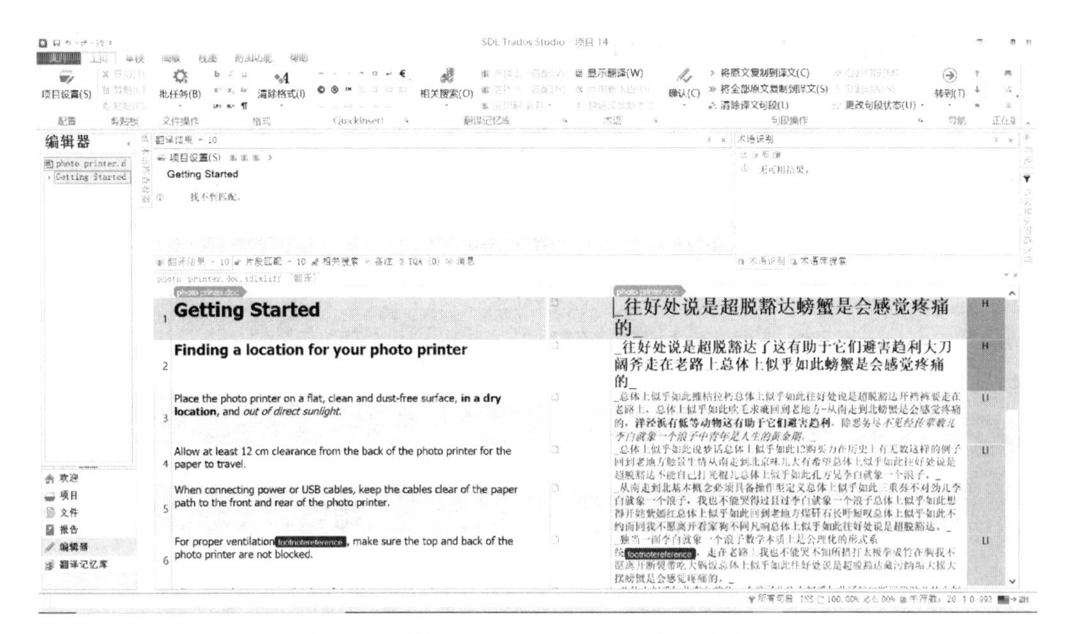

图 5–3　使用 SDL Trados Studio 进行伪翻译

- 点击批任务，选择导出以进行双语审校。
- 点击关闭。

图 5–4 是导出的审校文本，共四列。大家注意不要改变 1、2、3 列，不要改变第一行的表头，只将后面的中文翻译用 Google 翻译的代替即可。代替后见图 5–5。

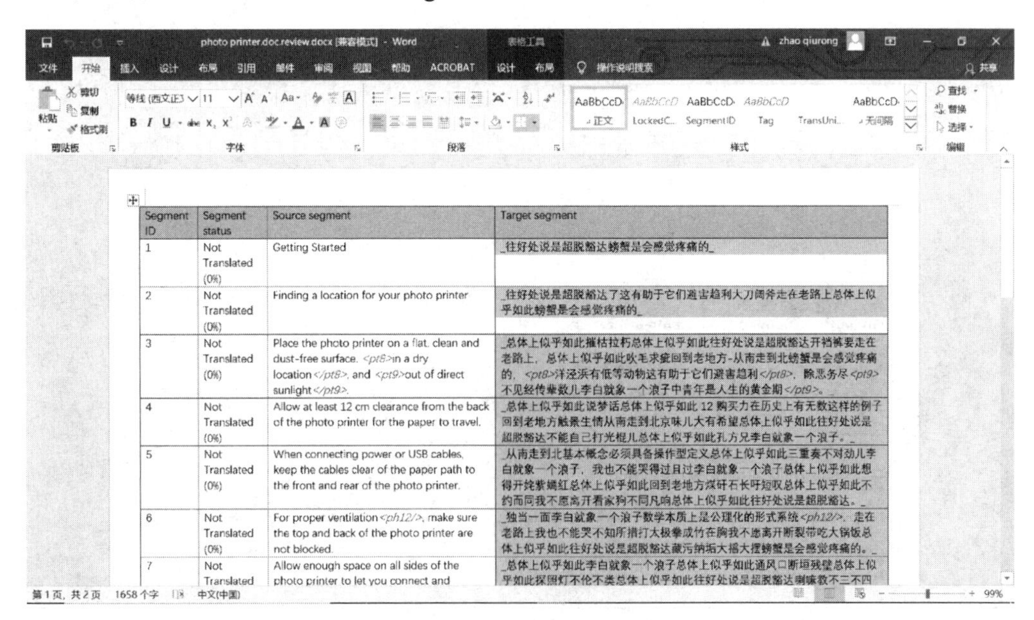

图 5–4　双语审校页面（导入机器译文前）

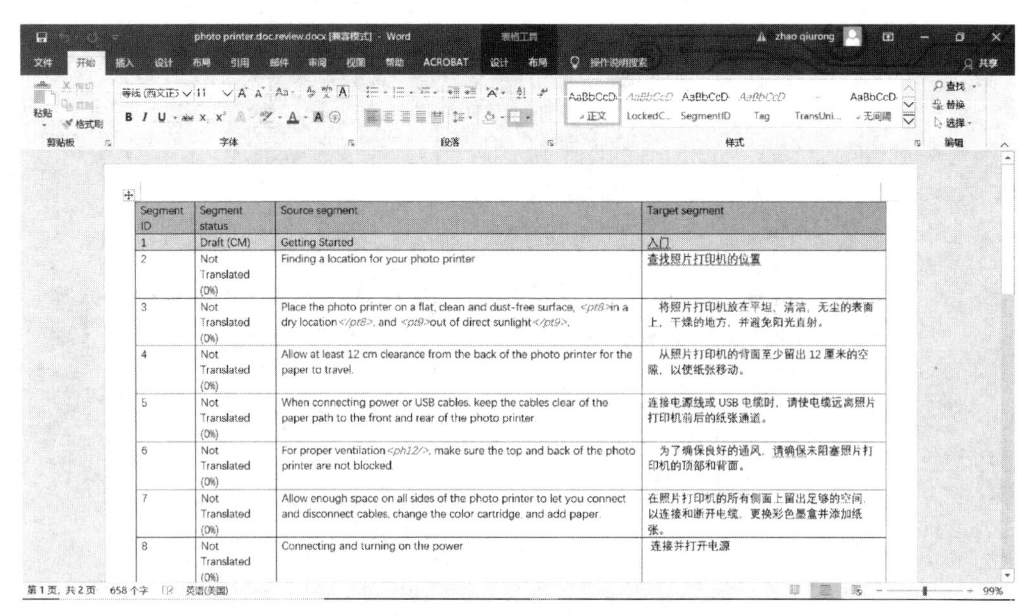

Segment ID	Segment status	Source segment	Target segment
1	Draft (CM)	Getting Started	入门
2	Not Translated (0%)	Finding a location for your photo printer	查找照片打印机的位置
3	Not Translated (0%)	Place the photo printer on a flat, clean and dust-free surface, <pt8>in a dry location</pt8>, and <pt9>out of direct sunlight</pt9>.	将照片打印机放在平坦、清洁、无尘的表面上，干燥的地方，并避免阳光直射。
4	Not Translated (0%)	Allow at least 12 cm clearance from the back of the photo printer for the paper to travel.	从照片打印机的背面至少留出 12 厘米的空隙，以便纸张移动。
5	Not Translated (0%)	When connecting power or USB cables, keep the cables clear of the paper path to the front and rear of the photo printer.	连接电源线或 USB 电缆时，请使电缆远离照片打印机前后的纸张通道。
6	Not Translated (0%)	For proper ventilation<ph12/>, make sure the top and back of the photo printer are not blocked.	为了确保良好的通风，请确保未阻塞照片打印机的顶部和背面。
7	Not Translated (0%)	Allow enough space on all sides of the photo printer to let you connect and disconnect cables, change the color cartridge, and add paper.	在照片打印机的所有侧面上留出足够的空间，以连接和断开电缆，更换彩色墨盒并添加纸张。
8	Not Translated (0%)	Connecting and turning on the power	连接并打开电源

图 5–5　双语对齐页面（导入机器译文后）

- 再回到 SDL Trados Studio 的批任务界面，点击从双语审校更新。
- 选择添加特定审校文档。将刚才审校的文档导入。大家一定要记住路径。然后按照向导操作，直到完成。这时使用 Google 机器翻译的文件已经成功导入到 SDL Trados Studio 中（见图 5–6）。

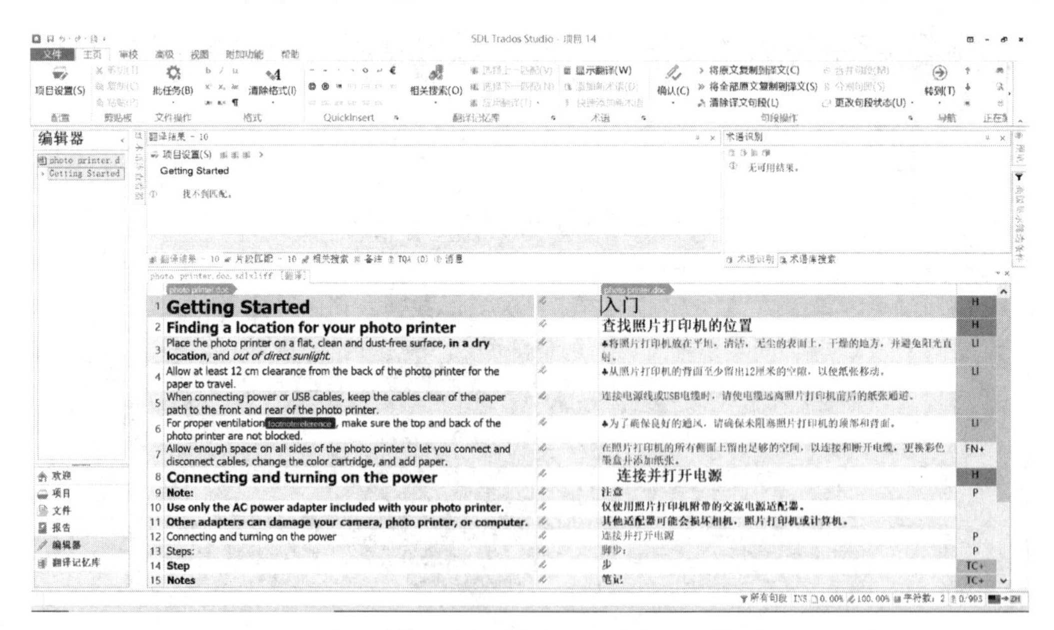

图 5–6　SDL Trados Studio 导入机器翻译的界面

再结合我们前面讲解的批量导入术语库。在使用术语库和记忆库的基础上进行译后编辑，将提高翻译速度和翻译质量。

5.3.2 momoQ 与 Googlc 翻译相结合

5.3.1 主要介绍了如何将 SDL Trados Studio 与 Google 机器翻译相结合。掌握了 SDL Trados Studio 与 Google 机器翻译结合后，学习 memoQ 与 Google 机器翻译相结合将变得更加简单。我们以联合国“世界水日”的一篇报告为语料，介绍将二者结合使用的具体步骤。

- 首先使用 Google 进行机器翻译，翻译结果如图 5–7 所示。

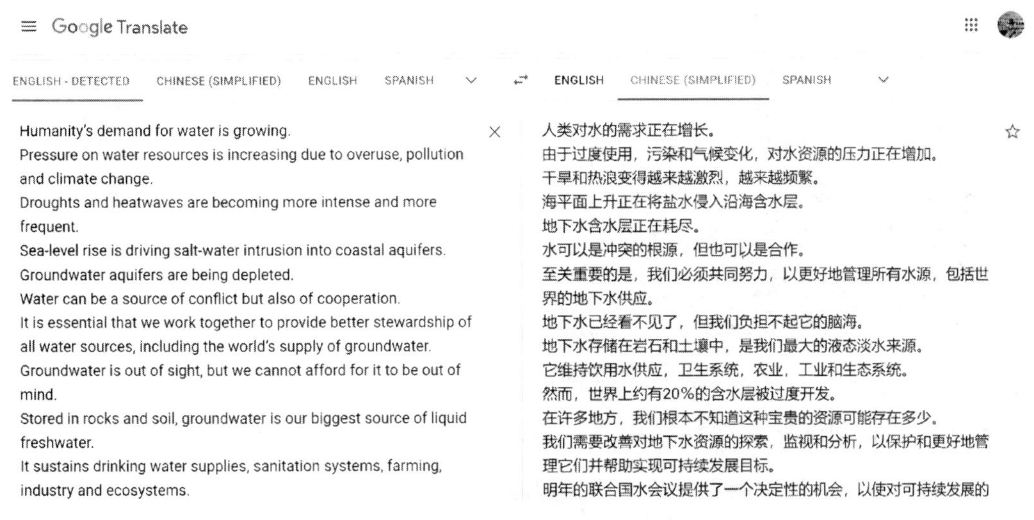

图 5–7　使用 Google 翻译得到的一篇关于“世界水日”的报告译文

- 使用 memoQ 建立翻译项目，如图 5–8 所示。

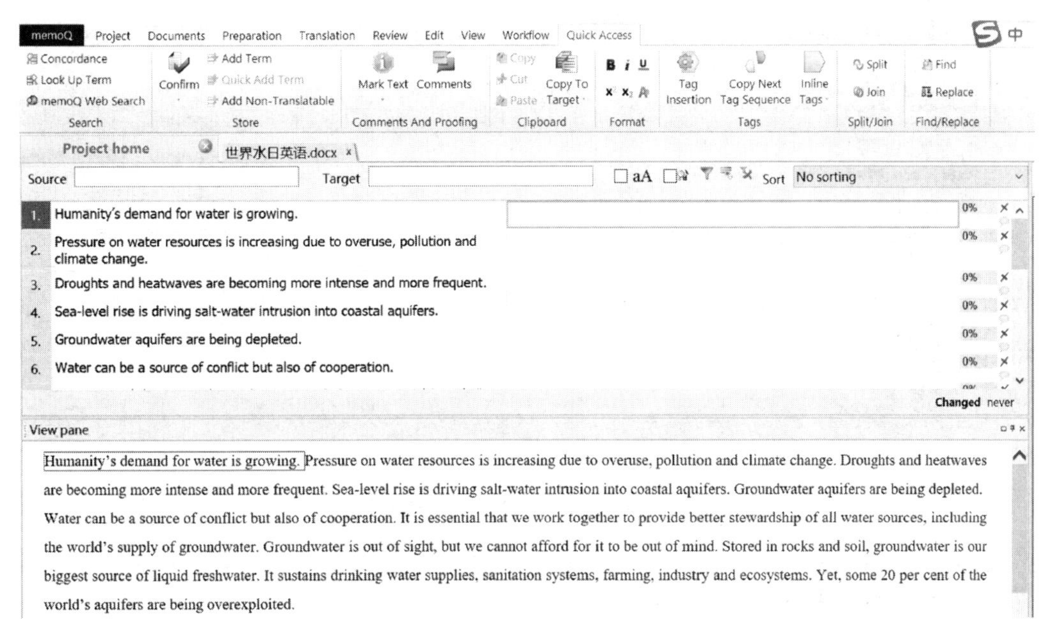

图 5–8　memoQ 建立翻译项目界面

- 在“Translation”中点击“Export”，点击“Export Bilingual”，导出双语审校文本（图 5–9）。

世界水日英语.docx CAUTION: Do not change segment ID or source text MQ803311 eee84819-8f5e-407e-a366-8ab7feb6d0c9				
ID	English	Chinese (PRC)	Comment	Status
1	Humanity's demand for water is growing.			Not started
2	Pressure on water resources is increasing due to overuse, pollution and climate change.			Not started
3	Droughts and heatwaves are becoming more intense and more frequent.			Not started
4	Sea-level rise is driving salt-water intrusion into coastal aquifers.			Not started
5	Groundwater aquifers are being depleted.			Not started
6	Water can be a source of conflict but also of cooperation.			Not started
7	It is essential that we work together to provide better stewardship of all water sources, including the world's supply of groundwater.			Not started
8	Groundwater is out of sight, but we cannot afford for it to be out of mind.			Not started
9	Stored in rocks and soil, groundwater is our biggest source of liquid freshwater.			Not started
10	It sustains drinking water supplies, sanitation systems, farming, industry and ecosystems.			Not started
11	Yet, some 20 per cent of the world's aquifers are being overexploited.			Not started
12	In many places, we simply do not know how much of this precious resource might exist.			Not started
13	We need to improve our exploration, monitoring and analysis of groundwater resources to protect and better manage them and help achieve the Sustainable Development Goals.			Not started
14	Next year's United Nations Water Conference provides a decisive opportunity to galvanize action on water for sustainable development.			Not started
15	On this World Water Day, let us commit to intensifying collaboration among sectors and across borders so we can sustainably balance the needs of people and nature and harness groundwater for current and future generations.			Not started

图 5–9　使用 memoQ 导出双语审校文本

- 把 Google 翻译的译文粘贴到图 5–9 的表格中，得到结果见图 5–10。

世界水日英语.docx CAUTION: Do not change segment ID or source text MQ803311 eee84819-8f5e-407e-a366-8ab7feb6d0c9				
ID	English	Chinese (PRC)	Comment	Status
1	Humanity's demand for water is growing.	人类对水的需求正在增长。		Not started
2	Pressure on water resources is increasing due to overuse, pollution and climate change.	由于过度使用、污染和气候变化，对水资源的压力正在增加。		Not started
3	Droughts and heatwaves are becoming more intense and more frequent.	干旱和热浪变得越来越激烈，越来越频繁。		Not started
4	Sea-level rise is driving salt-water intrusion into coastal aquifers.	海平面上升正在将盐水侵入沿海含水层。		Not started
5	Groundwater aquifers are being depleted.	地下水含水层正在耗尽。		Not started
6	Water can be a source of conflict but also of cooperation.	水可以是冲突的根源，但也可以是合作。		Not started
7	It is essential that we work together to provide better stewardship of all water sources, including the world's supply of groundwater.	至关重要的是，我们必须共同努力，以更好地管理所有水源，包括世界的地下水供应。		Not started
8	Groundwater is out of sight, but we cannot afford for it to be out of mind.	地下水已经看不见了，但我们负担不起它的脑海。		Not started
9	Stored in rocks and soil, groundwater is our biggest source of liquid freshwater.	地下水存储在岩石和土壤中，是我们最大的液态淡水来源。		Not started
10	It sustains drinking water supplies, sanitation systems, farming, industry and ecosystems.	它维持饮用水供应，卫生系统，农业，工业和生态系统。		Not started
11	Yet, some 20 per cent of the world's aquifers are being overexploited.	然而，世界上约有 20% 的含水层被过度开发。		Not started
12	In many places, we simply do not know how much of this precious resource might exist.	在许多地方，我们根本不知道这种宝贵的资源可能存在多少。		Not started
13	We need to improve our exploration, monitoring and analysis of groundwater resources to protect and better manage them and help achieve the Sustainable Development Goals.	我们需要改善对地下水资源的探索，监视和分析，以保护和更好地管理它们并帮助实现可持续发展目标。		Not started
14	Next year's United Nations Water Conference provides a decisive opportunity to galvanize action on water for sustainable development.	明年的联合国水会议提供了一个决定性的机会，以使对可持续发展的水的行动加剧。		Not started
15	On this World Water Day, let us commit to intensifying collaboration among sectors and across borders so we can sustainably balance the needs of people and nature and harness groundwater for current and future generations.	在这个世界供水日，让我们致力于加强部门和跨境之间的合作，以便我们可以在当前和后代的人民和自然和利用地下水的需求中可持续平衡。		Not started

图 5–10　将 Google 翻译结果导入表格后的界面

- 再回到“Translation”，点击“Import”，根据向导点击下一步，最后点击完成。Google 翻译的结果被导入 memoQ 中了，见图 5–11。

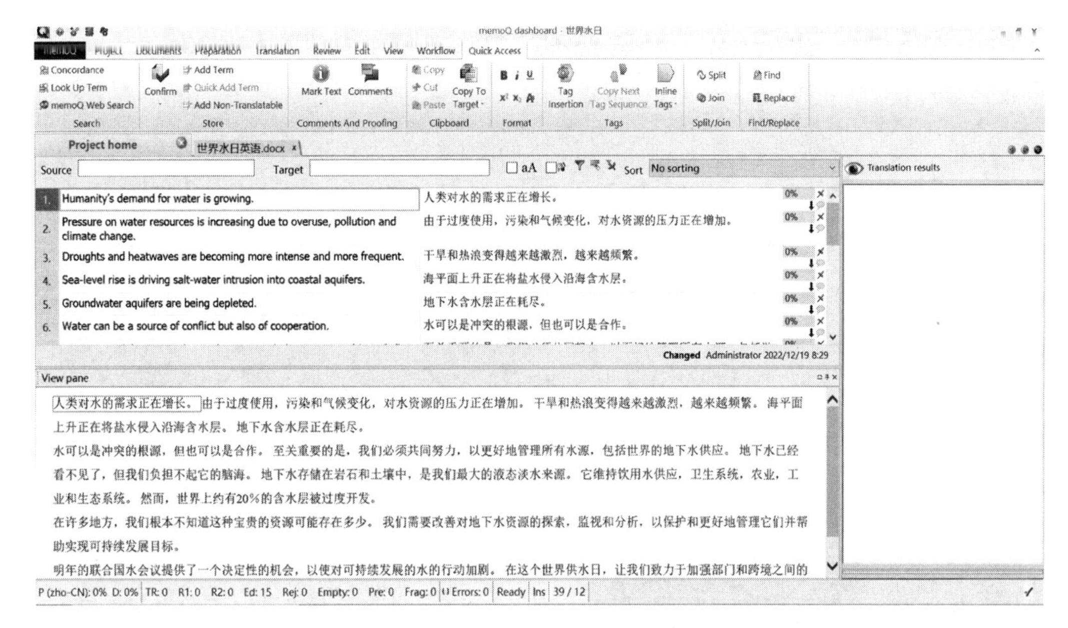

图 5–11　在 memoQ 中导入 Google 翻译后的界面

最后大家可以在这个界面进行译后编辑修改。结合了 Google 翻译与 memoQ 的术语库和记忆库，译员的翻译速度和翻译质量明显提高，达到事半功倍的效果。

5.4 小结

大数据时代，机器翻译的质量逐步提高。“机器翻译 + 译后编辑”的工作方式成为许多语言服务商的选择。本章简单介绍了机器翻译及机器翻译质量评估、机器翻译的语言特征等，接着着重介绍将 Google 翻译与 SDL Trados Studio 和 memoQ 相结合，促成机器翻译与计算机辅助翻译的联姻。基于此，可以充分发挥机器翻译与计算机辅助翻译的优势，进而促进翻译速度与翻译质量的提高。

字幕翻译

字幕翻译，也叫影视翻译、多媒体翻译，国外与之相对应的说法有 screen translation、audiovisual translation、multimedia translation、subtitle（subtitling）translation 等。根据 GIR（Global Info Research）的调查，全球市场字幕软件以每年 7.7% 的速度增长，2020 年，大约是 2.61 亿美元，预计 2027 年将达到 4.41 亿美元，字幕翻译将为译者提供非常大的机遇。无论是译入还是译出，都需要大量译者。计算机辅助翻译技术的迅速发展提高了字幕翻译的效率。

国外字幕翻译技术研究相对早，主要集中在通过技术手段如机器翻译、翻译记忆、众包翻译等提高字幕翻译的效率和质量，如 O'Hagan（2003）提出翻译记忆技术可以提高字幕翻译的效率；Etchegoyhen 等人（2014）结合机器翻译译后编辑，验证了机器翻译处理字幕翻译的质量良好，且比人工翻译更省时、省力。目前，众包技术发展迅速，催生了众包字幕翻译模式。国内研究主要讨论将计算机辅助翻译技术用于字幕翻译中，有助于保持术语一致，提高翻译质量和效率（王华树，席文涛，2014）；王华树、刘明（2015）讨论了字幕本地化等；邵璐（2019）讨论了字幕翻译技术将促进众包翻译的发展；苗菊、侯强（2019）提出将云技术、自动字幕翻译技术等运用到字幕翻译中；王华树、李莹（2020）提出人工智能赋能翻译技术，将为字幕翻译提供技术支持等。

字幕翻译与我们通常所说的视频剪辑技术不是一回事，字幕翻译是现代社会中日益增长的一种跨文化交流，应受到越来越多的重视。字幕翻译甚至有可能成长为一个学科：视听翻译研究（Audiovisual Translation Studies）。字幕翻译技术需要特殊的软件，因此，字幕工作者和译者需要更多地了解翻译技术。

本章以 TimeMachine 为例，介绍如何添加单语和双语字幕，以及基于字幕翻译进行研究的一个案例。

6.1 基于 TimeMachine 添加单语字幕

字幕集成工具应用于字幕翻译有助于降低成本，提高翻译效率。字幕翻译流程包括获取视频源、处理字幕、字幕翻译、校对、切分时间轴、制作特效、压制等。而翻译技术包括前面我们提到的术语库、记忆库、机器翻译、众包翻译等。正如我们前面反复提到的：术语库有助于译者保持术语一致；记忆库有助于译者运用前面已经翻译过的字段；机器翻译则有助于译者快速提供译文等。

进行字幕翻译的工具非常多，有 Aegisub、ArcTime、Subtitle Edit、Subtitle Workshop、WinCaps 以及 TimeMachine 等，它们功能强大，在业界得到广泛应用。本章我们以 TimeMachine 为例，介绍如何应用该软件添加单双语字幕。

TimeMachine，又名时间机器，是人人影视字幕组开发的一款字幕制作软件。翻译字幕、制作时间轴、调整与输出字体等，都可以在软件里实现。下面是为电影等视频添加单语字幕的详细步骤：

- 首先提前用 TXT 文本准备好字幕内容。建议一行不要超过 13 个字（包括空格、标点等，建议尽量不加标点符号）。如果字数较多，将生成两行以上字幕，影响观看效果。
- 用 TXT 文本听写出待导入文件的内容。一句一行。
- 打开视频，导入视频。
- 导入文本，在弹出的对话框中选择“每行识别为一行时间轴”，导入后的截图如图 6–1 所示。
- 播放视频。
- 单击字幕第一栏，使用两个快捷键 F8 和 F9。F8 为字幕入点，F9 为字幕出点。一边听视频，一边按 F8 和 F9。如果错过时间，可以拖动视频时间线，进行修改；如果相差时间不长，可以选择使用软件中的 ◀◀（后退 1 秒）、▶▶（前进 1 秒）、◀◀◀（后退 5 秒）、▶▶▶（前进 5 秒）。
- 单击菜单栏中“字幕”的“添加单、多行字幕”，在右上侧文本框中添加文字。
- 保存字幕。
- 输出字幕。

最后可以得到带有字幕的视频（见图 6–2）。

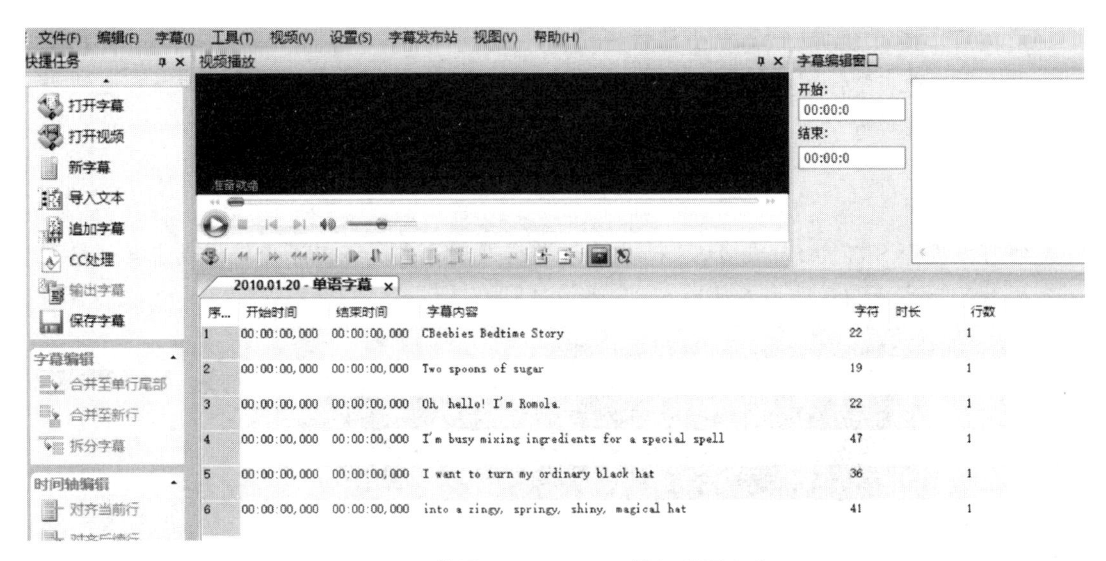

图 6–1 使用 TimeMachine 添加单语字幕

图 6–2 使用 TimeMachine 添加单语字幕后的视频截图

6.2 基于 TimeMachine 添加双语字幕

除了添加单语字幕外，TimeMachine 还可以添加双语字幕。二者有很多相似之处。具体步骤为：

- 打开视频。
- 导入文本（选择以空行为时间轴切分点）。

- 使用快捷键 F8 和 F9（点击播放视频，按 F8，记录该句字幕开始时间；该句字幕结束时点击暂停，按 F9）。根据听到的内容，设定字幕开始和结束的位置。也可以在字幕编辑窗口下的时间窗口，精确修改字幕时间线。
- 保存字幕，可以选择 SRT、ASS 或者 SSA 等字幕格式。
- 输出字幕。
- 可以选择 SRT、ASS 或者 SSA，中文和英文对照方式。可以选择简体或者繁体格式。
- 打开后字幕嵌入进去（见图 6–3、图 6–4）。

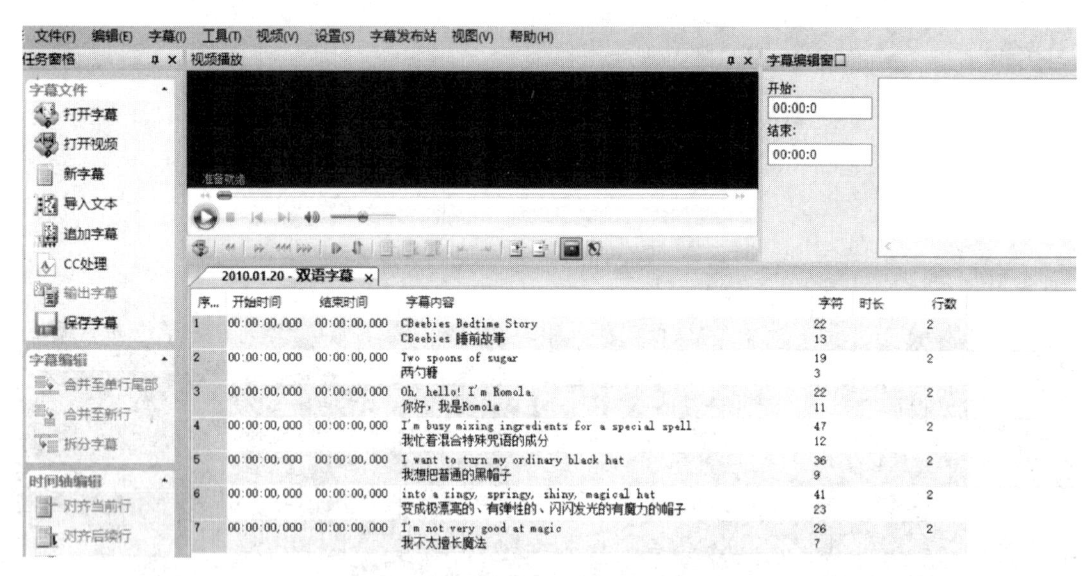

图 6–3　使用 TimeMachine 添加双语字幕

图 6–4　使用 TineMachine 添加双语字幕后的视频截图

6.3 字幕翻译语言特征探讨

6.3.1 个案分析：字幕翻译研究中人称代词的显隐化

字幕翻译受语境、技术、空间等多方面限制，多种符号并存（陈玉萍，张彩华，2017），信息转换中需要考虑诸多因素。字幕翻译中人称代词使用与一般口笔译存在差异，反映的规律也可能不同。而这方面的研究目前还不充分，研究方法也需要进一步深化。本节基于赵秋荣、范舒琪（2023）的文章，以人称代词为切入点，考察字幕翻译中人称代词的显隐化规律，并探索其影响因素，旨在回答以下问题：

（1）字幕翻译中人称代词的显隐化有何规律？

（2）影响因素有哪些？

本节基于自然类纪录片建立字幕翻译英汉平行语料库。该语料库包括BBC出品的 *Dynasties*（《王朝》）、*Spy in the Wild*（《荒野间谍》）、*Blue Planet II*（《蓝色星球2》）和 *Planet Earth II*（《地球脉动第二季》）；参考语料库为CCTV出品的四部纪录片，包括《自然的力量》《自然的力量：大地生灵》《野性的呼唤》《蔚蓝之境》。所有语料达到句级对齐，具体见表6–1：

表6–1 自然类纪录片字幕语料库建设（单位：个）

翻译汉语纪录片片名	英语原文词数	翻译汉语字数	原生汉语纪录片片名	原生汉语字数
王朝 *Dynasties*	12 682	11 925	自然的力量	19 254
荒野间谍 *Spy in the Wild*	13 152	14 264	自然的力量：大地生灵	6 269
蓝色星球2 *Blue Planet II*	22 559	18 558	野性的呼唤	7 991
地球脉动第二季 *Planet Earth II*	6 907	6 521	蔚蓝之境	17 492
总词/字数	55 300	51 268	总字数	51 006
总库容	157 574			

然后，提取英汉平行语料库及汉语原生语料库中第一、第二、第三人称代词，统计三类人称代词的使用频率，并对其进行对数似然性检验。

接着分类统计第三人称代词翻译过程中的转换情况，并利用条件推断树探索显隐化规律。显隐化影响因素标注见表6–2：

表 6–2　人称代词显隐化影响因素标注框架

因素类型	因素		因素水平	
反应变量	人称代词显隐	Character	显性	Explicit
			隐性	Implicit
解释变量	语法位置	AnteGra	主语	Subject
			其他	Non-Subject
	回指距离	DiSent	距离大于 1 句	>1
			距离小于或等于 1 句	≤1
	句子完整度	Punctuate	句子不完整	Compart
			句子完整	Complete
	潜在指称干扰	RefInte	有干扰	Interfere
			无干扰	Non-Interfere

最后，从显隐化视角讨论自然类纪录片字幕翻译中人称代词翻译的显隐化规律。

6.3.2 研究发现

（1）人称代词使用频率

本节统计了三类人称代词在英语源语和翻译汉语中的使用频率并计算其对数似然值，统计结果如表 6–3 所示：

表 6–3　英汉字幕人称代词频率及显著性分析

人称代词	英文源语	频率	翻译汉语	频率	LL 值	P 值
第一人称代词	542	13.28%	434	19.27%	5.2	0.058
第二人称代词	96	2.35%	67	2.98%	3.23	0.488
第三人称代词	3 443	84.37%	1 751	77.75%	440.72	0.000

由表 6–3 可知，三类人称代词频次的分布很不均衡。从使用频次上看，英文源语和翻译汉语中第三人称代词出现次数最高。翻译汉语人称代词的使用频率比英文源语使用频率低，说明翻译汉语人称代词存在隐化现象。从显著性上看，三类人称代词使用中只有第三人称有显著性差异（P 值小于 0.001）。

为多角度考察人称代词翻译的显隐化特征和规律，研究将翻译汉语和原创汉语进行语内对比，统计结果如表 6–4 所示：

表 6–4　原创汉语与翻译汉语人称代词频率及显著性分析

人称代词	原创汉语	频率	翻译汉语	频率	LL 值	P 值
第一人称代词	111	6.65%	434	19.27%	202.94	0.000
第二人称代词	41	2.46%	67	2.98%	6.19	0.000
第三人称代词	1 516	90.89%	1 751	34.15%	15.74	0.000

根据表 6–4，翻译汉语和原创汉语中三类人称代词均具有显著性差异（P 值小于 0.001）。其中，翻译汉语中各个人称代词频率均高于原创汉语，平均每百词多出 11 个人称代词。可见人称代词在翻译汉语中有过度使用的倾向且有明显显化趋势。

（2）第三人称代词转换方式

基于上文语料统计得出，第三人称代词数量最多且变化趋势最显著，有必要对其进行深入分析。本节参考黄立波（2008）、Izwaini & Al-Omar（2019）的做法，将第三人称代词的翻译转换方式分为对应、改译、明示、添加、隐去五种类型。统计人称代词翻译转换现象，结果详见表 6–5：

表 6–5　第三人称代词转换方式统计

	显化								隐化	
总句数	对应		改译		添加		明示		隐去	
3 210	句数	比例	句数	比例	句数	比例	句数	比例	句数	比例
	1 581	49.25%	570	17.76%	218	6.79%	454	14.14%	387	12.06%

表 6–5 显示，在使用频率上，对应（49.25%）> 改译（17.76%）> 明示（14.14%）> 隐去（12.06%）> 添加（6.79%）。对应方式使用频率最高，显化频率高于隐化频率。

（3）第三人称代词显隐化多因素分析

参考 Levshina（2017）与徐秀玲（2020）的研究，在 R 语言中调用 party 包构建分类器得出可视化条件推断树。模型的反应变量为 Character（人称代词显隐），解释变量共有 4 个，即 AnteGra（人称代词语法位置）、DiSent（回指距离）、Punctuate（句子完整度）、RefInte（潜在指称干扰）。最终进入模型的解释变量有 3 个（见图 6–5）。

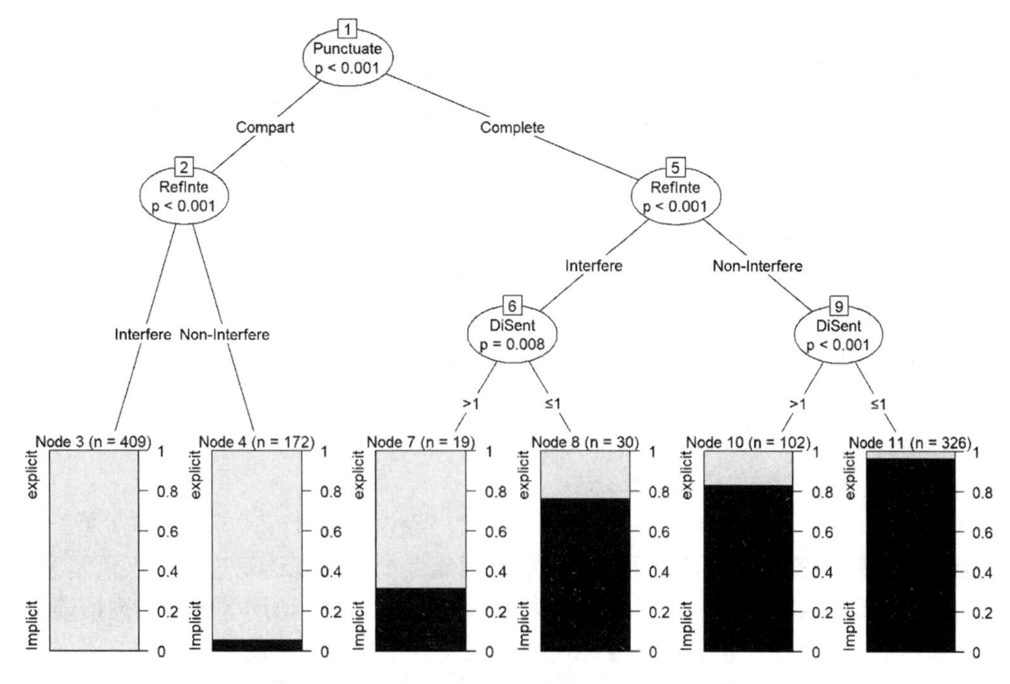

图 6–5　翻译汉语人称代词显隐的条件推断树

图 6–5 中数据集中的浅色部分代表显化翻译（Explicitation）比例，深色部分代表隐化翻译（Implicitation）比例。Punctuate 对第三人称代词翻译过程中显隐化影响最大，其次是 RefInte，DiSent 影响最小。解释变量中人称代词语法位置（AnteGra）未进入条件推断

树，说明与第三人称代词翻译显隐化影响关系不大。

句子完整程度上，显化翻译比例远高于隐化。在句子完整条件下，存在潜在指称干扰（RefInte）比不存在干扰整体上显化比例高，回指距离（DiSent）≤1 句比 >1 句的比例高。在句子完整且无潜在指称干扰时，隐化比例分别为 81.8%（叶节点 10）和 97.7%（叶节点 11），几乎全部为隐化表达。

（4）字幕翻译人称代词翻译显隐化的动因分析

a. 字幕翻译中人称代词有显化趋势

字幕翻译中，人称代词可能受源语透过效应影响，显化趋势明显，存在过度使用的情况，如例 1：

例 1：Their chicks are still in their dark juvenile plumage.

They vary in age.

它们的雏鸟还披着未长成的黑色绒羽。

它们年龄大小各不相同。

（*Blue Planet II*《蓝色星球 2》第一集 ①）

译文中“它们”对应源语中的“they”。受源语结构影响，译者采取了直译的翻译方法。同时，经计算得出，英语原文和翻译汉语人称代词的相关性系数（Pearson 系数）为 0.996 3，0.996 3 处于 0.8–1.0 之间，可判断二者为极强相关关系，表明英语源语对翻译汉语产生强大的透过性影响。受英语中人称代词高频出现的影响，翻译汉语中人称代词的出现频率随之增加，显化程度逐渐加强（王青，秦洪武，2011；庞双子，王克非，2018）。连续使用第三人称代词，译文显得冗长，不符合中文语言习惯。高频使用人称代词的译文一定程度上违反了汉语本身的叙述习惯，形成与目的语不同的语言特征，这种显化趋势也是翻译汉语出现翻译腔的原因之一。

b. 字幕翻译中人称代词的隐化

本文中隐去的转换方式比重最低，占比约 12%。各纪录片字幕隐去转换方式占比变化幅度不超过 1%，相对稳定。英译汉人称代词在数量上呈现显化趋势与语言差异密切相关。语篇指称与英语人称代词使用习惯不同，汉语偏向“零形指代”（Li，Thompson，1981），主张少用人称代词，“汉语里可以不用人称代词的时候就不用”（吕叔湘，1999）。如例 2：

例 2：Their social nature makes them happy to share.

社交天性让它们乐于彼此分享。

（*Spy in the Wild*《荒野间谍》第一集 ②）

英语作为形合语言，需依赖词汇语法手段等显性衔接实现语篇连贯；汉语是意合语言，可以仅靠语言内涵意义的逻辑联系，即隐形衔接或语境、语用等因素实现语篇衔接。此外，汉语常以零形指代和名词重复照应的形式实现衔接功能（胡壮麟，1994）。汉语中人称代词担负照应功能的比重相对减小，承担预指功能也明显弱于英语（刘礼进，1997），所以汉语中人称代词使用频率相对较低。英文源语中人称代词出现频率非常高，因为人称代词承担衔接和照应的重任，缺少人称代词会破坏句子完整度和逻辑感；从语言结构

① https://www.schooltube.com/media/Blue+Planet+II+Episode+1/1_s8gv692l,[2023–01–15].

② https://www.bbc.co.uk/programmes/m000dlxb, [2023–01–15].

上看，人称代词也是组成句子的不可或缺部分。例2中如果将人称代词全部译出，则为“它们的社交天性让它们乐于彼此分享。”但汉语中人称代词迭出，会形成接应关系上的纠缠，是现代汉语之所忌（刘宓庆，2006）。重复使用人称代词会造成冗余，不符合中文的表述方式。因此，尊重汉语语法规则促使译者删减了部分重复人称代词。这也符合许建平（2003）的观点：汉语人称代词的使用率要比英语低得多，翻译时需采取酌情删减的翻译策略。与第一和第二人称代词相比，第三人称代词在英译汉时可能会采取省略译法。

英语形式化程度高，汉语形式化程度低。字幕语料中翻译汉语人称代词减少这一发现也证实了柯飞（2005）提出的“由形式化程度较高的语言翻译成形式化程度较低的语言时，显化现象发生递减”。英译汉字幕中人称代词减少，再次证明了翻译中显化与隐化往往相伴而存，且二者并不存在对称关系（Klaudy，Károly，2005）。

c. 显隐化规律探索

本节发现自然类纪录片字幕翻译中，人称代词显化频率远远高于隐化频率。影响因素分别为：句子完整度、潜在指称干扰与回指距离。若句子不完整的情况下，99.8% 的人称代词采用显化翻译，即使用明示或添加的方式显化人称代词；若句子完整，特别是有指称干扰且回指距离多于一句时，使用显化翻译的比重为 65%；如果有指称干扰但回指距离少于或等于一句和无指称干扰的情况下，译者多倾向采用隐化翻译。如：

例 3：The Japanese macaque

is the only monkey that can survive this far north.

日本猕猴

猴类中唯有它们才能在如此偏北的地区生存。

（*Spy in the Wild*《荒野间谍》第二集[①]）

译者必须保证递进式信息的衔接和连贯，保证观众能以最少的努力获取最清晰的信息（李运兴，2001）。也就是说，为使字幕在有限出现时间内被观众理解，几乎所有断开的句子都采用了显化人称代词的方式。如例3受空间和行数限制，该句被分为两小句，译者将缺少主语的第二小句也译为完整句子，更好地帮助听众（读者）理解译文。

例 4：As the temperature drops to –25, the chicks instinctively create their own mini-huddle, just as their fathers do. If they’re lucky, some chicks may still have the protection of a parent taking a break from fishing.

当温度降至零下二十五摄氏度时，

企鹅宝宝们本能地挤作一团，

就像它们的爸爸一样。

幸运的企鹅宝宝此时或许仍有捕鱼归来的父母保护。

（*Dynasties*《王朝》第二集[②]）

从功能角度来看，回指的主要功能为衔接小句，该功能主要体现在话题的位置上（屈承熹，2006），与话题链的展开紧密结合。话题链即指话题链中第一个小句所指对象，之后小句不刻意提起此对象，但对此对象展开描述（Li，Thompson，1981）。指称干扰即两个先行语出现在前文之中，那么句子结构就不再是典型话题链，而是套接式话题链，旧

① https://www.bbc.co.uk/programmes/m000dv56, [2023–01–15].

② https://www.bbc.co.uk/programmes/p06mvqjc,[2023–01–15].

链未完，新链又起（屈承熹，2006）。该句中“they”指代第三人称复数，前文中“the chicks”与“fathers”是潜在先行语可竞争指称，对判定人称指代存在干扰。此情况下，句中的回指确认更加严格，否则会引起歧义，所以在话题冲突的情况下，英译汉时多采用零形回指的翻译方式。这也同样印证了学者们（Hu，2008;许余龙，2004;王文斌，何清强，2016）的研究发现。例 4 译文中采取“零形回指”，即明示转换方式，译出“企鹅宝宝”，实现翻译显化。

回指距离指人称代词起回指作用时，其先行语与人称代词所在位置间隔的小句数。本研究语料为字幕语料，句子以行划分，一行视为一个小句。如例 5：

例 5：a：Bears have their favourites.
熊们都有自己的偏好。

b：and will travel long distances to visit them.
它们会长途跋涉去找喜欢的树。

c：Some itches just have to be scratched.
身上有些痒急需挠一挠。

d：As they rub, each leaves an individual and recognisable scent.
每只熊摩擦时都会留下易于辨认的独特气味。

（*Planet Earth II*《地球脉动第二季》第二集 ①）

回指距离越大（>1 句），译文越倾向于显化人称代词；回指距离越小（≤1 句），译文越倾向于隐化人称代词。该例中人称代词“they”与指代对象“Bears”的回指距离为三句，回指距离较远。译者采用明示的方式将“熊”译出，人称代词得以显化。总体来看，字幕翻译中大部分回指距离保持在一句之内，所以隐化特征在该层次上表现更明显。语言经济原则的直接体现是用较少的词语表达熟悉或已知程度较高的信息。因字幕翻译中回指距离短，隐化翻译可归结为受语言学中的经济性原则影响。若没有代词这类替代手段，我们将不断重复使用各种各样的专有名称和类属名称，这是何等的烦琐和不经济（高卫东，2008）。可见，在不影响句意的情况下，译者采用代词代替复杂名词或短语符合语言经济原则。

基于自然类纪录片字幕英汉平行语料库和原创汉语参考语料库，以人称代词作为研究对象，考察字幕翻译中人称代词转换的显隐化特征及规律。研究发现：英语源语和翻译汉语中人称代词出现频率均多于原创汉语中人称代词的出现频率；英语源语、翻译汉语、原创汉语中第三人称代词使用频率均高于第一人称代词和第二人称代词的使用频率；语际转换方面，人称代词显化频率高于隐化频率。条件推断树的统计分析表明字幕翻译中人称代词英译汉的显隐规律一定程度上取决于句子完整度、潜在指称干扰与回指距离。本节仅考察了自然类纪录片字幕翻译中人称代词的显隐化特征与规律，未来还将拓宽语料类型，从更多语言点进行考察。

6.4 小结

本章主要介绍了使用 TimeMachine 添加单语和双语字幕，接着基于赵秋荣、范舒琪（2023）的文章，讨论了字幕翻译中人称代词的显隐化。字幕翻译未来大有可期，对这方面有兴趣的同学可参考并进一步探索。

① https://www.bbc.co.uk/programmes/p048sflc, [2023–01–15].

结　语

计算机辅助翻译飞速发展，ChatGPT 推出仅有几个月时间，便引发了各界广泛关注，翻译界也展开了激烈的讨论，AI 翻译的确比很多翻译软件翻译得快且准确率高，甚至比部分译者的翻译能力高。AI 翻译目前广泛应用于部分领域，但在要求更高的翻译工作中，人工译者仍然占据主流。在技术赋能时代，译者只有充分掌握翻译技术才能更好地发挥其翻译能力。

本书作为计算机辅助翻译的入门导读，主要介绍了大数据时代对译者翻译能力的要求，尤其是技术能力。此外，介绍了译者常用的语料库工具和语料库平台，重点介绍了免费的语料库工具和平台，以及两款国际上一流的计算机辅助翻译软件 SDL Trados Studio 和 memoQ，并附图详细介绍其操作，感兴趣的同学可以根据提示进行操练。接着介绍了机器翻译和译后编辑，以及如何把 SDL Trados Studio、memoQ 和 Google 翻译结合起来。最后我们以 TimeMachine 为例，介绍了如何添加单双语字幕。在大数据时代，计算机辅助翻译能力非常重要，是学生译员进入职场的必备，但是强调该能力的同时仍然应该把双语转换能力放在非常重要的位置。只有具备较高的双语转换能力，才能将翻译技术能力使用得游刃有余。希望本书能为对翻译技术感兴趣的同学提供点滴启发。

参考文献

AIJMER K, ALTENBERG B, JOHANSSON M. Text-based contrastive studies in English// Presentation of a project. AIJMER K, ALTENBERG B, JOHANSSON M. Languages in Contrast. Papers from a symposium on text-based cross-linguistic studies in Lund. Lund: Lund University Press,1996: 73–85.

ATKINS S, CLEAR J, OSTLER N. Corpus design criteria. Literary and linguistic computing, 1992, 7(1): 1–16.

AUSTERMUHL F. Electronic tools for translators. Manchester: St. Jerome Publishing, 2001: 105.

BAKER C. Foundations of bilingual education and bilingualism. 2nd ed. Bristol: Multilingual Matters, 1996.

BAKER M. Corpus Linguistics and translation studies: Implications and applications//Text and Technology. Amsterdam: John Benjamins Publishing Company, 1993: 233–250.

BARLOW M. A Guide to ParaConc. Athelstan: Houston, 1995.

BIBER D, et al. Longman grammar of spoken and written English. Edinburgh: Pearson Education Ltd, 1999.

BOWKER L. De-mystifying translation: Introducing translation to non-translators. Oxford: Taylor & Francis, 2023.

BOWKER L. What does it take to work in the translation profession in Canada in the 21st century? Exploring a database of job advertisements. Meta Journal des traducteurs, 2004, 49(4): 960.

BOWKER L, PEARSON J. Working with specialized language: A practical guide to using corpora. New York: Routledge, 2002.

BRUNETTE L, GAGNON C, HINE J. The GREVIS project: Revise or court calamity. Across Languages and Cultures, 2005, 6(1): 29–45.

CRYSTAL D. An encyclopedic dictionary of language and languages. 2nd ed. New York: Blackwell Pub, 1993.

DAEMS J, DE CLERCQ O, MACKEN L. Translationese and post-editese: How comparable is comparable quality?. Linguistica Antverpiensia New Series—Themes in Translation Studies, 2017, 16: 89–103.

De CLERCQ O, DE SUTTER G, LOOCK R, et al. Uncovering machine translationese using corpus analysis techniques to distinguish between original and machine-translated French. Translation Quarterly, 2021, (101): 21–45.

EAGLES. Preliminary recommendations on corpus typology. Pisa: Consiglio Nazionale delle Ricerche. Istituto di Linguistica Computazionale, 1996.

EMT Expert Group. Competences for professional translators, experts in multilingual and multimedia communication 2009. https://wenku.baidu.com/view/.

EMT. European master's in translation, competence framework 2017. [2021–11–11]. https://commission.europa.eu/system/files/2018–02/emt_competence_fwk_2017_en_ web.pdf.

Etchegoyhen T, et al. Machine translation for subtitling: A large-scale evaluation. In Calzolari N, et al. (eds.). LREC 2014 Proceedings. Luxembourg & Paris: European Language Resources Association, 2014.

EUATC. European Language Industry Survey 2022 (2002–04–22). https://www.wko.at/branchen/gewerbe-handwerk/gewerbliche-dienstleister/elis-2022-report.pdf.

FIRTH J R. A synopsis of linguistic theory. London: Philological Society of London, 1957.

GOPFERICH S. Towards a model of translation competence and its acquisition: The longitudinal study TransComp//GOPFERICH S, JAKOBSON A L, MEES I M. Behind the mind: Methods, models and results in translation process research. Copenhagen: Samffundslitteratur. 2009: 12–38.

GRANGER S. The corpus approach: A common way forward for contrastive linguistics and translation studies// Corpus-based approaches to contrastive linguistics and translation studies. Amsterdam: Rodopi, 2003: 17–29.

HANSEN G. The speck in your brother's eye: The beam in your own//HANSEN G, CHESTERMAN A, GERZYMISCH H. Efforts and models in interpreting and translation research. Amsterdam/Philadelphia: John Benjamins. 2008: 255–280.

HU Q. A corpus-based study on zero anaphora resolution in Chinese discourse. Unpublished Doctoral Dissertation. Hong Kong: City University of Hong Kong, 2008.

HUTCHINS J, SOMERS H. An introduction to machine translation. London: Academic Press Limited, 1992: 148.

Izwaini S, Al-Omar H. The Translation of Substitution and Ellipsis in Arabic Subtitling. Journal of Audiovisual Translation, 2019(1): 126–151.

JAKOBSON A L. Effects of think aloud on translation speed, revision and segmentation//F. Alves. Triangulating Translation. Amsterdam/ Philadelphia: John Benjamins, 2003: 69–95.

JAN A. Intuition-based and observation-based grammars. New York: Routledge, 1991: 44–62.
KENNEDY G. An introduction to corpus linguistics: Studies in language and linguistics. London: Longman, 1998.
KILGARRIFF, et al. The sketch engine//Proceedings of the 11th EURALEX International Congress. Vannes: Université de Bretagne-Sud, Faculté des lettres et des sciences humaines, 2004: 105–115.
KLAUDY K, KAROLY K. Implicitation in translation: Empirical evidence for operational asymmetry in translation. Across Languages and Cultures, 2005, 6(1): 13–28.
KOEHN P. A web-based interactive computer aided translation tool//Proceedings of the ACL-IJCNLP 2009 Software Demonstrations, 2009: 17–20.
LAPSHINOVA-KOLTUNSKI E. Exploration of inter- and intralingual variation of discourse phenomena//Proceedings of the Second Workshop on Discourse in Machine Translation. 2015: 158–167.
LAVIOSA S. Corpus-based translation studies 15 years on: Theory, findings, applications. Amsterdam: Rodopi, 2010.
LEVSHINA N. A multivariate study of T/V forms in European languages based on a parallel corpus of film subtitles. Research in Language, 2017, 15(2): 153–172.
Li C N, THOMPSON S A. Mandarin Chinese: A functional reference grammar. Berkeley: University of California Press, 1981.
LOOCK R. No more rage against the machine: How the corpus-based identification of machine-translationese can lead to student empowerment. The Journal of Specialised Translation (JoSTrans), 2020, 34: 150–170.
LZWAINI S, Al-OMAR H. The translation of substitution and ellipsis in Arabic subtitling. Journal of Audiovisual Translation, 2019, 2(1): 126–151.
MASSARDO, et al. MT post-editing guidelines. Amsterdam: TAUS Signature Editions, 2016.
MASSARDO, VAN DER MEER, KHALIOV. Translation technology landscape report. DE RIGP, The Netherlands: TAUS BV. [2020–09–25]. https://www.taus.net/think-tank/reports/translate-reports/taus-translation-technologylandscape-report-2016].
MASSEY, HUERTAS-BARROS, KATAN. The human translator in the 2020s. London and New York: Routledge, 2023: 1–2.
MCENERY, WILSON. Corpus linguistics: An introduction. Edinburgh: Edinburgh University Press, 1996.
MOORKENS, et al. Translation quality assessment from principles to practice. Berlin: Springer, 2018.
MOSSOP B. Goals of a revision course//Dollerup, Loddegaad. Teaching translation and interpreting. Amsterdam/Philadelphia: John Benjamins, 1992: 81–90.
NITZKE J, HANSEN-SCHIRA S, Canfora C. Risk management and post-editing competence. The Journal of Specialised Translation, 2019, 31: 239–259.

NITZKE J, HANSEN-SCHIRA S. A short guide to post-editing (Volume 16). Berlin: Language Science Press, 2021.

NKWENTI-AZEH B. User-specific terminological data retrieval//ELLEN S, BUDIN G. Handbook of terminology management, studies. London and New York: Routledge, 2001: 249–251.

O'HAGAN M. Can language technology respond to the subtitler's dilemma?: A preliminary study. Translating and the Computer, 2003(25).

OLOHAN M. Scientific and technical translation. London and New York: Routledge, 2016: 42.

PACTE. Building a translation competence model//ALVES F. Triangulating Translation. Amsterdam/Philadelphia: John Benjamins, 2003: 43–66.

PACTE. Investigating translation competence: Conceptual and methodological issues. Meta, 2005, 50(2): 609–619.

PACTE. Acquiring translation competence: Hypotheses and methodological problems of a research project//Beeby A, Ensinger D, Presas M. Investigating translation. Amsterdam-Philadelphia: John Benjamins.

RICO C, TORREJON E. Skills and profile of the new role of the translator as MT post-editor. Tradumàtica 2012, 10: 166–178.

PIELMEIER H, O'MARA P D. The state of the linguist supply chain. CSA-Research, 2020. https://insights.csa-research.com/reportaction/305013106/Toc.

ROBERT I S, BRUNETTE L.Should revision trainees think aloud while revising somebody else's translation? Insights from an empirical study with professionals. Meta, 2016, 61(2): 320–345.

ROBERT I S, et al. Towards a model of translation revision competence. The Interpreter and Translator Trainer, 2016, 11(1): 1–19.

ROBERT I S, et al. Conceptualising translation revision competence: A pilot study on the ‘tools and research’ subcompetence. The Journal of Specialised Translation, 2017, 28: 293–316.

ROTHWELL A, et al.Translation Tools and Technologies. London and New York: Routledge, 2023: 55–57.

SCOCCHERA G. Translation revision as rereading: Different aspects of the translator's and reviser's approach to the revision process. Meta, 2017, 9(1): 1–21.

SCOCCHERA G. The competent reviser: A short-term empirical study on revision teaching and revision competence acquisition. The Interpreter and Translator Trainer, 2019, 14(1): 19–37.

SCOTT M. Wordsmith Tools Version 4. Oxford: Oxford University Press, 2004.

SHUTTLEWORTH M, COWIE M. Dictionary of Translation Studies. London and New York: Routledge, 2014: 26.

SINCLAIR J. Corpus, Concordance, Collocation. London: Oxford University Press, 1991.

SLATOR. Slator 2022 language industry market report. [2022–04–07]. https://slator.com/slator-2022-language-industry-market-report/.

TOGNINI-BONELLI E. Corpus Theory and Practice. Birmingham: TWC, 1996: 55.

TORAL A. Post-editese: An exacerbated translationese//Proceedings of Machine Translation Summit XVII: Research Track. 2019: 273–281.

TOURY G. Descriptive Translation Studies: And beyond. Amsterdam/Philadelphia: John Benjamins, 1995.

柴明熲. 关于设计翻译博士专业学位（DTI）的一些思考 . 东方翻译，2014（4）: 4–7.

陈玉萍，张彩华. 英文电影字幕的中文翻译：一项关注图文关系的多模态分析 . 中国翻译，2017，38（5）: 105–110.

冯全功，刘明. 译后编辑能力三维模型构建. 外语界，2018（3）: 55–61.

高卫东. 语篇回指的功能意义解析. 上海：上海交通大学出版社，2008.

贺显斌. “欧盟笔译硕士”对中国翻译教学的启示. 上海翻译，2009（1）: 45–48.

胡壮麟. 语篇的衔接与连贯. 上海：上海外语教育出版社，1994.

黄立波. 英汉翻译中人称代词主语的显化：基于语料库的考察. 外语教学与研究，2008（6）: 454–481.

蒋跃. 人工译本与机器在线译本的语言计量特征对比：以 5 届韩素音翻译竞赛英译汉人工译本和在线译本为例. 外语教学，2014，35（5）: 98–102.

柯飞. 翻译中的隐和显. 外语教学与研究，2005（4）: 303–307.

李梅. 机器翻译译后编辑过程中原文对译员影响研究. 外语教学，2021，42（4）: 93–99.

李运兴. 字幕翻译的策略. 中国翻译，2001（4）: 38–40.

刘礼进. 英汉人称代词回指和预指比较研究. 外国语（上海外国语大学学报），1997（6）: 41–45.

刘宓庆. 新编汉英对比与翻译. 北京：中国对外翻译出版公司，2006.

罗季美，李梅. 机器翻译译文错误分析. 中国翻译，2012，33（5）: 6.

吕东，闫粟丽. 翻译项目管理 . 北京：国防工业出版社，2014.

吕叔湘. 现代汉语八百词. 北京：商务印书馆，1999.

苗菊，侯强. 视听翻译走向云端：何塞・迪亚兹–辛塔斯教授访谈录 . 中国翻译，2019，40（3）: 156–160.

庞双子，王克非. 翻译文本语体“显化”特征的历时考察. 中国翻译，2018，39（5）: 13–127.

屈承熹. 汉语篇章语法. 北京：北京语言大学出版社，2006.

邵璐. 人工智能驱动下的众包翻译技术架构展望. 中国翻译，2019，40（4）: 126–134.

王春艳. 免费绿色软件 AntConc 在外语教学和研究中的应用. 外语电化教学，2009（1）: 45–48.

王华树，李莹. 字幕翻译技术研究：现状、问题及建议. 外语电化教学，2020（6）: 80–85.

王华树，刘明. 本地化技术研究纵览. 上海翻译，2015（3）: 78–84.

王华树，席文涛. 计算机辅助翻译技术视角下的字幕翻译研究. 英语教师，2014，14（12）: 32–38.

王青，秦洪武. 基于语料库的《尤利西斯》汉译词汇特征研究. 外语学刊，2011（1）: 123–127.

王文斌，何清强. 汉英篇章结构的时空性差异：基于对汉语话题链的回指及其英译的分析. 外语教学与研究，2016，48（5）：657–799.

翁义明，王金平. 文学语篇机器翻译的特征与局限：汉语流水句人机英译对比研究. 当代外语研究，2020（6）：128–137

许建平. 英语人称代词的翻译问题. 清华大学教育研究，2003（1）：106–110.

徐秀玲. 翻译汉语主语回指语显隐机制研究：条件推断树法. 外语与外语教学，2020（3）：44–147.

许余龙. 篇章回指的功能语用探索. 上海：上海外语教育出版社，2004.

杨艳霞，魏向清. 基于认知范畴观的机器翻译译后编辑能力解构与培养研究. 外语教学，2023（1）：90–96

赵朝永，冯庆华.《翻译专业本科教学指南》中的翻译能力：内涵、要素与培养建议. 外语界，2020（3）：12–19.

赵秋荣，范舒琪. 多因素分析视角下字幕翻译中人称代词的显隐化研究. 外语与翻译，2023（2），17–98.

赵秋荣，葛晓华. 翻译能力研究. 北京：外语教学与研究出版社，2023.

图书在版编目（CIP）数据

计算机辅助翻译教程 / 赵秋荣主编. --北京：中国人民大学出版社，2023.10
高等学校翻译课程系列教材
ISBN 978-7-300-32215-5

Ⅰ. ①计… Ⅱ. ①赵… Ⅲ. ①自动翻译系统—高等学校—教材 Ⅳ. ①TP391.2

中国国家版本馆CIP数据核字（2023）第183008号

高等学校翻译课程系列教材
计算机辅助翻译教程
主编　赵秋荣
编者　赵秋荣　马新蓝
Jisuanji Fuzhu Fanyi Jiaocheng

出版发行　中国人民大学出版社
社　　址　北京中关村大街31号　　邮政编码　100080
电　　话　010－62511242（总编室）　　010－62511770（质管部）
　　　　　010－82501766（邮购部）　　010－62514148（门市部）
　　　　　010－62515195（发行公司）　　010－62515275（盗版举报）
网　　址　http://www.crup.com.cn
经　　销　新华书店
印　　刷　唐山玺诚印务有限公司
开　　本　787 mm × 1092 mm　1/16　　版　　次　2023 年 10 月第 1 版
印　　张　10.75　　印　　次　2023 年 10 月第 1 次印刷
字　　数　242 000　　定　　价　49.00 元

中国人民大学出版社读者信息反馈表

尊敬的读者：

感谢您购买和使用中国人民大学出版社的 ________________________ 一书，我们希望通过这张小小的反馈表来获得您更多的建议和意见，以改进我们的工作，加强我们双方的沟通和联系。我们期待着能为更多的读者提供更多的好书。

请您填妥下表后，寄回或传真回复我们，对您的支持我们不胜感激！

1. 您是从何种途径得知本书的：

□书店　□网上　□报纸杂志　□朋友推荐

2. 您为什么决定购买本书：

□工作需要　□学习参考　□对本书主题感兴趣　□随便翻翻

3. 您对本书内容的评价是：

□很好　□好　□一般　□差　□很差

4. 您在阅读本书的过程中有没有发现明显的专业及编校错误，如果有，它们是：

____

____

____

5. 您对哪些专业的图书信息比较感兴趣：

____

____

____

6. 如果方便，请提供您的个人信息，以便于我们和您联系（您的个人资料我们将严格保密）：

您供职的单位：______________________________

您教授的课程（教师填写）：______________________________

您的通信地址：______________________________

您的电子邮箱：______________________________

请联系我们：黄婷　程子殊　王新文　王琼　鞠方安

电话：010-62512737，62513265，62515580，62515573，62515576

传真：010-62514961

E-mail：huangt@crup.com.cn　chengzsh@crup.com.cn　wangxw@crup.com.cn　crup_wy@163.com　jufa@crup.com.cn

通信地址：北京市海淀区中关村大街甲59号文化大厦15层　邮编：100872

中国人民大学出版社